量城记：
城乡规划的社会学思考

成亮 / 著

中国建筑工业出版社

图书在版编目（CIP）数据

量城记：城乡规划的社会学思考 / 成亮著 . —北京：中国建筑工业出版社，2024.5
ISBN 978-7-112-29541-8

Ⅰ. ①量… Ⅱ. ①成… Ⅲ. ①城乡规划 Ⅳ. ① TU98

中国国家版本馆 CIP 数据核字（2023）第 253857 号

责任编辑：毋婷娴　周娟华
责任校对：赵　力

量城记：城乡规划的社会学思考
成亮　著

*

中国建筑工业出版社出版、发行（北京海淀三里河路9号）
各地新华书店、建筑书店经销
北京方舟正佳图文设计有限公司制版
建工社（河北）印刷有限公司印刷

*

开本：787毫米×960毫米　1/16　印张：12½　字数：242千字
2024年4月第一版　2024年4月第一次印刷
定价：**68.00**元
ISBN 978-7-112-29541-8
（42195）

谨以此书纪念我和孩子一起读书的美好时光

前　言

城乡聚落是人类的栖居地，空间尺度始终是城乡规划的关注对象，空间作为生活场所，物化的实存空间是基础，而实存空间又因人的存在而形成价值。因而，生活场所不仅是尺度问题，也是价值问题。尺度与价值是城乡聚落存在的内在机制组合，也是认识与理解城乡聚落规划管理的重要视角。作为城乡人居环境营建现象的城乡规划不仅有尺度问题，也有价值问题。尺度需要通过技术来把握，价值似乎游离于实体而蔓延到生活的每个角落；尺度需要通过使用来体验，价值似乎依附于实体而渗透到生活的每个时段。生活世界不能单纯地存在，而需要时间的调节。符号内涵既能衡量尺度，也能刻画价值。空间认知与实践是多元化的，共存的空间与相继的时间才是生命之根。所以，我们不仅需要测量尺度，也需要测量价值。

本书以城乡规划及其相关社会现象为思考对象，试图从社会学的相关视角来考察城乡规划的相关内容。城乡规划作为建构理想人居环境的公共政策与工具，伴随着社会转型而不断革新。尺度问题与价值问题始终是城乡规划转型发展面临的核心话题。然而，传统的城乡规划更多的是基于尺度视角来进行城乡空间的调查、评价、分析及管理，而价值问题由于涉及经济、社会、政治、文化等领域的多元话语表达，往往在城乡规划领域中处于相对边缘的位置。因此有必要从城市与乡村、规划与设计、建筑与景观、地理与人居、社会与文化等方面进行探索性思考，尝试从城乡聚落本身及其存在的社会环境入手，通过理论化叙事元素的多元理解，去重新认识城乡规划及其相关内容。

本书意图构建城乡规划的尺度—价值双重语境，建立从空间标准叙事向价值规范叙事的观察立场，推进从“测量”尺度到“测量”价值的双向互构的议题，进一步阐述和解释城乡规划的丰富度与复杂性，从而为全面理解和塑造城乡规划的空间模式—社会进程双重前景提供一个新的视角。

目　录

第一篇 城市与乡村

一、关于城市

1. 认识城市

对城市概念的很多解析，往往都是从“城”与“市”两个角度开展。“城”与“市”体现着城市的不同功能，不同功能的要素生成及流动有不同的速度特征，从而形成不同的速度时代。“市”的门槛较低，甚至会出现在村庄和城邦中，并且与日常生活有密切的关系，在古代时期，封闭的社会环境诞生了一批自给自足的“市”，其功能是进行常态化的物质—信息交换，呈现出较慢的速度特征。但“城”的门槛较高，军事防御是“城”形成的手段，而政治管控是“城”形成的目的，快速推进的军事–政治形态一定有较快的速度特征。当“城”与“市”组合在一起时，并不会出现复合型的城市，那往往是理想化的理论假设及主观猜测。现实是：“市”会逐渐开始顺从并服务于“城”，复合型的功能从来不会出现，只有主导功能的加速再强化。

如马歇尔·麦克卢汉所说：村庄和城邦，本质上是包含人的一切需求和功能的形式。由于速度的加快以及因此而产生的远距离的、更强大的军事控制，城邦崩溃了。曾经包罗万象和自给自足的城邦，其需求和功能扩展为帝国的专业化活动。加快速度趋于使功能分离，包括使商业的和政治的功能分离。当加速度超越任何系统中的某一点时，其都会变成破坏力和瓦解力。

当商业力量通过商业系统的完善，凌驾于其他功能时，比商业力量更快的速度也随之出现。旧的慢速度被新的快速度所替代，而新的破坏力和瓦解力同样也会将商业力量放置于新的专业化活动之中。一个分离、重组、控制的功能循环将会更加频繁地出现在新的速度时代中。

*

关于城市的定义，很多情况下人口规模是最常见的标准之一，但基于人口规模界定的城市概念，只能反映出城市空间中的人口密度状态。而城市本身的历史演变特征及地理空间特点，也可以成为界定城市自身特征的参考视角。

在欧洲，一个城市定义自身时，与之相对的是它在中世纪的起源和从封建社会以来的变化；在美国，一个城市定义自身时，与之相对的则是荒野和边疆的经验。边疆一词也有着非常不同的含义，它既象征着旧世界中两种力量相交汇的边界，也代表着新世界里开放的空间和机会（理查德·利罕）。

因此，从欧美城市定义的特点来看，欧洲城市是借助于自我阐释的、循环的替代性展示，而美国城市是建立于支配他者的、线性的视差性展示。前者是时间的空间化层层累积，是城市与城市的原生关系迭代；后者是空间的时间化环境格局，是城市与城市的次生关系重构。

城市是人们基于历史与现状而编织出来的集体单位。无论其定义方式如何，城市始终在其壮大过程中扮演着独步全球的、反映历史时空重组价值的伟大角色。

*

城市时代的来临使城市成为人类聚集的主流形式，城市成为各行各业关注的对象。人们对城市的理解也从局部稳定的认识转向共同变化的认知，即城市成为高度集聚化生存的快速演变的社会形态。由于人们的集聚，城市在创建与发展过程中携带着复杂、快速、易变的时间特征，并且这种特征越来越明显，从而又反过来在极短的时间内构建着城市人群的命运。城市越是复杂，对城市的理解视角就越为多样，人们越来越细致地从不同角度理解着城市，城市成为现代话语体系的延续和演化载体。

如理查德·利罕所说，无论我们对城市作何理解，近五千年来，它在人类命运中都发挥了重要作用。它已经创造了自己的历史节律，哪怕它的功能发生了变化，它的现实被重构和改造过。必须持续重新考察各种城市建构：这些建构固然是人为的，而且各不相同，但正是通过它们，我们才能解释过去，检验现实，并构造未来。而且无论好坏，城市终究是我们的未来。

城市已然不是一类单纯的聚居环境，它自然地从缓慢、静态、沉重的空间理解层面转向快速、动态、轻盈的时间理解层面，形成从历史时间性的空间积累到现代空间性的、时间延续的城市节奏，并将历史、现实、未来的间隔进行重新调整。城市的未来离现实越来越快，城市的历史离现实越来越慢，而城市的现实成为瞬时的滞留，城市一定是时间的新变形。

*

城市是一个流动的区域，它总是与乡村对立，这种对立不仅是空间结构与实体规模的对立，而且是生活在其中的人群行为活动模式的对立，这种对立在城市规划领域便是一系列空间效益差异的技术方式所衍生出的空间发展收益及控制评价指标。

不管是城市还是乡村，有人群的地方总是有流动，毕竟人是一种有思维的动物，需要信息交流。尤尔根·哈贝马斯强调人类本质上是一种依存于交往的主体性的存在，聚集才能产生交流的可能，这是人性使然，也是生活世界的基础性前提。隔离与聚居都在集体消费活动中渐进呈现，利益取向的多元化，也会形成如瓦尔特·本雅明所言的漫游者。个人偏好与共同利益产生出强大且源源不断的流动性“力量”，流动性使得均质属性的人群分化，最终形成不同的社会属性及劳务分工划分，均质群体终于在流动性的影响下，结合“文化”这一情感因素，划分出不同的城市社会阶层。

物质空间营建与集体情感联系又是统一城市社群中最自然的人性的主流路径，流动性的确是反映城市生命样态多样性的强大指标，不管是中国《周礼·考工记》的营国时代，还是西方曼纽尔·卡斯特的信息时代，从远古时代到当今社会，自由与方向的契合始终是城市人生活的真谛，尊重人格、回归人性的城市空间才可能是最纯真、最本真的城市生活场所。

*

城市是人类文明的发源地，虽然早期聚落也有文明的成果，但是城市的群体性效益更大，文明的集体感更具代表性。城市生活的最大特点是公共生活的集体理性化，城市生活的文明成为其保障的重要意识形态，也成为所有城市生活哲学与品质标准的依据。

约束、规范、礼貌、委婉、正义、理性……人们为什么要发明这些东西呢？创造这些微妙复杂之物有什么用呢？奥尔特加·加塞特认为，所有这些可以一言以蔽之，曰“文明”（civilization），它的词根 civis（citizen，“公民”）揭示了它的真正起源，正是凭借这些事物，城市、共同体、公共生活才成为可能。

文明的价值在于使城市的价值重组成为可能，将异质性的个体进行价值集合，并形成以身份构建为基础的社会网络。集聚的混合与流动的隔离，同样受到文明的影响与操控，文明的附加价值是城市中普通生命的留存缩影，而价值分解也是价值流变的依附。

*

在城市建设史上，中世纪的城市建设与发展是一个漫长却又独具特色的时期。系统梳理中世纪城市形成的机制及特征，需要区分城堡、城镇及城市之间的差别与关系。

人类诞生之初即会出现战争，这是人类的利欲使然。战争的出现会要求作为避难场所的庇护所的出现，因而最简单的围墙形式的堡垒的构筑物出现了，而随着时间的推移，人群不定期地聚集，在城堡中呈现出由间断性热闹向经常性热闹的转变。其间，庙宇作为场所开始出现，工匠及商人等社群开始定居，这是一个漫长的过程。商人阶层在城市发展过程中承担着极为重要的角色，因为商人定居在城堡中要考虑商品的转运空间，所以他们会定居在城堡之外，即外堡或郊区，同时他们需要安全，因而需要靠近城堡，这时，出现了较老的堡垒和较新的商业地点，最终城市诞生了。

以上只是从商业经济角度而言，然而我们不能忘记教会的作用。作为主教管区中心的城镇，由于人群阶层的单一（主要为教士、修士、教会学校师生、少数工匠等），因而需要定期的市集，这样城镇又承担着集会中心的作用。因此，城镇成为部落环境的行政、宗教、政治、经济中心，并常以部落名命名城镇。为了防御外界的侵略，城镇安全防御的功能同样不可缺少。

可见，地理位置加上存在一个城镇或者一个筑有工事的城堡，是商人定居地的基本的必要条件(亨利·皮雷纳)。商业郊区与封建堡垒的结合既是商业复兴的最优选择地，也是人口聚集的最佳形式。从此，作为集体法人的城市开始承担政治安全及经济交流的复合功能。

*

经济是城市发展的动力。中世纪的城市，人们往往认为宗教是其建设的核心力量，然而，商业贸易始终是形成城市活力的动力，但是中世纪城市的规模都不大，从本质上看这是经济思想的约束所导致的。

根据经院学派的经济思想，大多数人经历了物质上的困苦的回应，这并不是更高的生产能力和经济增长，而是自我限制和对需求的压制（海因茨·D.库尔茨）。节制观念使得社会秩序与道德秩序共同形成了中世纪城市空间容量的边际效应，构建了空间风貌的保存机制。

经院哲学影响下的经济模式在中世纪时期规制着城市的功能与规模，由物质环境与社会行为构成的“城堡－市场－宗教－行会”共存的聚集模式成为稳定的中世纪城市独特的城市空间结构形态。秩序与自由的并存，使得神圣法则成为空间规划的形体化意识。

*

工业革命是人类史上的重要节点，工业革命之后，现代化社会生活开始出现，现代主义城市及城市规划也是建立于此。当我们回顾现代主义城市规划时，总是试图从解决工业革命所产生的诸多城市问题入手，分析城市问题，并结合工业生产与技术革新，构建高效、宜人的城市环境。

但工业革命对城市发展最大的贡献，恰恰是推动城市经济社会运转的信用制度支撑，其中金融体系的发展成熟尤为重要。工业革命的影响远远超出了技术和工业领域。工业家用资本主义作为金融和组织的方式，迫使金融体系做出改变，以满足他们的需求，并创立了自己需要的银行系统。他们将这些不同的因素整合到一个商业金融和工业的体系当中，并将这个体系传播到了全世界（罗杰·奥斯本）。

在工业革命中，一系列技术发明的产生与推广需要建立在金融体系制度之上，而城市建设活动同样需要金融制度支撑下的种种交易，最终通过金融体系形成利益关联机制，推动城市建设。工业革命的伟大之处在于技术创新的金融制度革新，而非技术创新本身。

*

现代工业城市总是与城市增长密切相关，因而增长机器模型总是围绕着城市经济发展形成。

流水线的工业化生产模式从福特制开始推广并普及，城市建设也受其影响，而重视构成现代城市建设项目的推进，如连接城市水陆交通的桥梁就带着功能组织与效率优先原则的特色。布鲁克林大桥作为纽约工业化时期的代表，其设计由此体现了规划师和建筑师考虑管理城市空间的方式——像工厂里的空间一样进行组织，通过从外部强加设计出人们活动的高效循环模式，进而达到分工和专业化的目标。

*

自从科学革命以来，科学对人们的生活产生了巨大影响并重新建立了人们对世界的认知。城市作为一种人类聚居现象和人居环境实体，是否真的能通过科学认知其自身、规划其发展？与城市相关的学科很多，但城市规划应该是直接引导城市发展的重要手段之一。不管其价值追寻是什么，常规的规划设计技术仍然是为了建立秩序和构建结构。

科学革命对城市规划同样产生了很大的影响，城市规划师仍然受科学革命的影响试图将城市规划工作变成科学产品，如同其他社会科学一样，试图借鉴数学的科学工具介入。

城市是以人的日常生活为基准的场所，不是一个物理空间，将城市置于科学概念体系中是需要城市理论作为支撑的。而城市理论并不是一个完整的、单纯的、真理的理论体系，它由不同学科领域的理论拼组而成。为了弥补自身的不足，众多学科包括社会科学甚至人文历史学科，都在争先恐后引进数学模式，以便成为真正的科学（陈嘉映）。数学描述符合定义的、抽象的存在，但这个存在却被剥夺了其他属性。城市的定义是一个不统一的答案。

城市一定是人文的，日常生活实践是生活经验的展示，也是生活常识的感知，人性的城市场所一定不是抽象的。

*

城市是人群高度聚集的地方。因为人的汇集，城市空间从来都存在着空间分化或分异现象，因而会产生异质性的空间组合，即空间差异性的并存。这种现象是多方面原因形成的，如，经济贸易的自然演化，宗教文化的天然统摄，城市规划的强制干预等。因此会出现城市空间秩序的波动性，异质中的同质也促使城市空间秩序始终处于有序与无序之间。有序对应着理性、秩序、隔离、控制，但并不意味着先进；无序对应着混合、杂乱、接近、冲突，但并不意味着落后。

城市空间是建立在复杂的社会关系中的，社会关系影响着城市空间，城市空间塑造着城市生活，城市生活构建着社会关系。

稳定与动荡总是脱离不了人的自然本性与社会属性，其阶层、宗教、种族与资源、道德、权益之间也有差异，而这些有差异的人群要汇聚、共存于一座城市中，城市空间分化自然出现。

2. 发现城市

城市是想法结合的地方（理查德·佛罗里达）。城市之所以是创新的基地，源于不同人群的集聚，源于多元生活的汇集，但这只是城市的一般特征。如果我们对不同的城市进行比较，会发现城市人文生活也许会趋同，如全球化、信息化的影响。但城市物质环境是有差异的，创新是对环境做出的反应，所以人类发展史上确有一些天才之城，它们是天才人物与城市地点的时机化结合。

如今，城市规划所涉及的规模越来越大，城市化又促使人群源源不断地涌入城市。人们习惯用“城市病”来形容城市的拥挤、嘈杂、混乱、紧张等问题，并试图通过多种方式“逃离”城市，但逃离物质世界并不会让我们更具创造力，相反，只有比之前更真切、更深入地融入物质世界，体验它的混乱无序之后，创造力才会被激发（埃里克·韦纳）。

也许多元的混乱恰好是形成创新的基础，创新仍然需要人与城市的时机交织来演绎。

*

城市，从空间环境上看涉及尺度问题，从经济发展上看涉及节奏问题，从社会组织上看涉及阶层问题。尺度、节奏、阶层与城市是匹配的动态对应。城市是人类社会文明的果实，从最初的原始聚居点到现代社会的人口高度集聚区，城市的发展也是从依赖自然环境到支配自然环境的转变历程，表现出从顺从自然规律到改变自然规律的演变进程。

正如考古学家马丁·琼斯所言：当人类社会的相对尺度、发展节奏和等级阶层开始平等，进而取代自然界的规律时，无论是人类社会还是大自然都发生了深刻的变化，这种变化在人类历史上留下的可见证据，体现为对生者、祖先和神灵家园建筑的精心建造，在自然环境中体现为景观的结构化、荒野的块状分区，以及许多环境“压力”的迹象。

我们有时需要研究城市文明中的各类行为痕迹，当尺度、节奏、阶层都趋于行为的反应时，过去历时层叠的信息则显得尤为珍贵。

城市文明终归是自然界中的人居存在方式，在城市中，人类除了划分、营建、控制等活动外，还有纪念、追思、传承等活动。各类活动随着时间的沉淀终究会变成历史，我们需要像考古学家那样，透过历史迹象的“化石”考古和发掘城市历史演变的信息。

*

从地标建筑到景观雕塑，一座城市中总会有一些标识，而除了物质形态的节点意象外，城市中一定还存在大量的非物质的意象符号，城市生活中除了物质环境还有精神符号。

符号化是一个既简单又复杂的过程，是借助于物质条件又超越物质条件的过程，它的产生是与人的趣味游戏有关。

趣味是一种很特殊的感知方式，它是一个将物变成区分的和特殊的符号，将持续的分布变成中断的对立的实践操纵机构，使纳入身体的物质范畴内的区别进入有意义的区分的象征范畴内（皮埃尔·布尔迪厄）。

阶层的划分与形成和城市空间分异之间总是有一定的关联，而趣味是形成城市空间分异的社会化动因，是历史演变的社会表现，也是社群演变的意义建立的根本源头。

*

从消费角度看，城市是一个集中消费的场所，而城市在提供各类消费品时也需要消费支撑自身运转的消费品。城市自古以来就是一个资源吞噬器，城市化对于人类增长意味着集体财富的增长，因此也意味着消费的增长（加埃唐·拉弗朗斯，朱莉·拉弗朗斯）。

资源是城市发展的重要基础，人们进入城市，开始在消费领域拓展。从最初物质性的衣食住行到非物质性的精神、文化转移，消费社会的来临将一切社会构建都纳入到城市消费的范畴。城市空间的再生产现象开始出现，消费作为城市空间生产的推动力，同样也是消费增长的自构力。资源的配置是城市从地方孤立点到全球一体化背景下的重要演变特征，并且资源的内涵从此也发生了变化。

*

社会科学视野中的城市，往往是进行社会行动的典型研究对象，很多学科领域都视城市为天然及前沿的研究对象。城市相对于乡村而言，具有较强的异质性，表现在人与人之间互动方式的多样化，这使得城市在空间、社会和文化层面也呈现出差异化的趋势。社会学家认为，城市不仅是分析社会变迁以及文化和形态混乱、失序、重组等现象的特种实验室，而且是空间、社会和文化的异质元素在不断互动中相结合的“生态社区”。每个社区都是各种力量非稳定均衡的产物，这种不均衡产物引发的扰乱现象影响着空间、社区和人格（夏尔·亨利·屈安，弗朗索瓦·格雷勒，洛南·埃尔武埃）。城市作为一个由多元化群体组成的社区，却又由众多社团组成。然而当人们过多关注城市中社区群体的社会学特征时，又往往忽视了作为社区的城市自身的地域独特性，人们都被城市中的社团化理性功能所引导，却遗忘了城市情感的培育，城市的名义社区化本质上是社团化，只是人们在快速流动的城市生活中已经无暇顾及二者的差异了（图 1）。

*

由于人群的聚集，城市对生态系统的影响较乡村更大，随着对生态环境建设的重视，人们越来越认识到人居环境的重要性，城市建设过程中，人们也越来越关注生态环境的效益与价值。从城市整体生态系统到城市内部生态建设，从城市自然环境到城市生

图 1　城市生活的容器

城市生活空间的均质化呈现构成城市生活的容器，但容器中的生活内容不能只建立在名义社区化的理解中，还需要通过空间、社区和人格的协同视角来认识。

态游园，城市都倾向生态系统的理念引导，试图通过人为的方式或优化或重构或其他各种方法，使不平衡的生态系统变为平衡的生态系统。

正如黛安娜·阿克曼所说，人们可能会谈论如何让生态系统重新获得平衡，但是世界上其实并没有完美的“自然平衡”，也没有可以长期保持和谐且无须改变的策略。自然永远在大胆冒进和不断纠偏中保持相对平衡。

未来生态系统的建设应该动态化地评价城市空间的地域性和城市系统的综合性，进行动态化检测与评估，进行平衡与失衡的协调。生态系统有序与无序的演变自构才是系统平衡的状态特征，人工方式不能过于干预或自负创造。城市是一个动态的发展过程，其生存发育的生态环境同样也在缓慢地演变，人类都市也仅是大自然的一部分。

*

一座城市的包容性是很难评价的，如果仅从城市的公共性空间来看，城市公共空间在一定程度上能够反映出城市空间的包容性，因为它可以为公众提供共享空间。但是公共空间与公共活动有时很难有效的对等，公共空间是空间使用者的开放性，而公共活动是空间使用者的多样性，公共秩序又是有效衔接开放性与多样性的主要保障。因此，公共空间的管治是很重要的一项工作，包容性不能只有空间场所供给的充足，还要有空间公共秩序的保障。

我们发现，公园之类的公共场所有可能是抢劫、瞎逛（酒鬼、流浪汉、游走的精神病人）的场所。对于这些地方公共秩序的瓦解，我们必须这样来理解：公共秩序之所以瓦解，不仅是因为在这些地方可以躲避警察，还因为这些地方的行为背景比较宽松，制度化的涉入结构比较宽松，恶行劣迹的不当程度大大降低了。在公园这样的地方，不良行为的可接受度被最大化了，被警察抓现行的代价降到了最低限度（欧文·戈夫曼）。

包容与多元也需要秩序与安全，如何有效地协调两者，才是公共空间高质量的栖居形式，才是真正的包容性，安全的自由是社会情境的包容需求，不平等的城市世界需要真正的包容才能使城市成为温暖的公共领域。

*

城市发展往往建立在规划与开发之上，规划是开发的指引，开发是规划的落实。规划是政府的手段，而开发是市场的成果，有时二者会形成城市建设共同体，城市规划与开发成为专业知识领域垄断和意图实现话语权的主流。

政府和私营企业共同存在于一个互利的循环关系之中。政府为创造财富提供基础，私营企业创造财富并将一部分回馈政府，政府可以借此建设其他的基础设施以便创造更多的财富。

城市的建设总是凌驾于城市社会居民群体之上，而城市发展权利的边界始终没有被清晰地界定，社会的力量仍然是弱势的，城市生活并非改变城市，而城市却改变着城市生活。城市规划与开发过程中，政治—经济体系还是首要的动力，而国家—社会体系仍然是弱化的内容，公众参与的空间仍然很大，如何突围利益的权力，重视集体审美与大众文化的回归已被强势的发展所掩藏，接近城市的权利也是城市人的日常，会让人们平静快乐地审视自己生活的城市。

*

对现代主义城市的认识，人们通常都是立足于工业化的初始机制。工业化需要天然的简单化、标准化的生产制作环境，而现代主义城市作为工业化的中心，也需要效率与秩序的支撑，从而产生出秩序化、功能化的空间景观。但是，以上逻辑思维并没有延伸回溯到现代主义城市之前的过去，也没有跳出工业生产范畴而思考城市营建的个人、宗教、政治等因素。

如理查德·利罕所说，从对城市的观点来看，现代主义是浪漫主义的另一个阶段。现代主义者笔下的城市与土地神话言归于好，它是一个由相类似的自我组成的共同体，并通过把当前与更为英雄化的过去并置的方式，维持了一种时间的循环感。现代主义者转向唯美主义、宗教和政治，力图在城市中建立自我的牢固基础，但得到的结果往往是一种自我中心的或权力欲膨胀的个人主义观念，与此相应的是对民族国家的考验：要么崩溃瓦解，要么向帝国主义迈进并最终走向极权主义。结果，现代主义总是回望那些被认为是更淳朴的年代。无论是浪漫主义者还是现代主义者，都坚持这样一种城市想象，即城市已经被工业力量贬低。

如此思潮之下的现代主义城市成为城市史上自我推论的普遍判断。现代主义者笔下充满文学色彩的城市认识被工业力量所频繁迭换，意识形态的边界战胜了城市自然的成长环境，现代化从多元化、复杂化的情境瞬间回归到单一化、知识化的现象，现代主义城市就这样偏离成现代城市了。

*

城市能够集聚大量人口，从本质上看是因为城市可以给人们提供各种财富，城市也是最大可能创造财富的地方，而创造财富的过程，仍然是通过经济活动而进行的。

任何一个人类聚居地，如果善于进行进口替代，就必然会发展成一座城市。任何一座城市，如果年复一年地继续进口替代，这个爆炸性的阶段过程就会使它保持经济上的领先地位，并不断创造出新的出口产业（简·雅各布斯）。于是经济活动也必然要求城市间进行相互贸易，这样的经济活动才是社会生活叙事的保障。

城市的生存环境是有差异的，通过自我创新完善经济的需求，最终会形成人类聚居地的自我利益实现，只是在发展的过程中，进口替代与进口成为城市发展能力的分水岭，社会契约的理性也随之诞生并稳固。

*

城市性质是城市的主要职能，城市职能即城市功能，城市功能的确定是基于城市与区域或城市与城市的关联分析而确定，从而形成共同功能或特殊功能。但无论何种类型的功能都不会脱离城市的本质，即为集聚的生活提供生存条件。

集聚的生活更是经济的大众拓展边界，当城市进入信息时代，经济生活导向下的城市始终能够焕发出新的活力。城市最重要的功能是推动经济生活的创造和扩张，这与永动机的功能完全不同。城市需要持续不断地输入两种特别的能量：其一是创新，它的基础是人类的创造力；其二是不断完成进口替代，也就是发挥人们的才智，根据本地的需要进行模仿。城市的作用在于为洞察力和适应本地需要提供了合适的环境，能够把它们成功地纳入日常的经济生活。

当对一座城市进行未来预见时，城市规划的龙头始终是城市性质定位以及在此基础上所确定的城市发展战略，而复杂的城市系统同样需要立足于经济生活的保障，城市的生存策略终究不过是经济运转的功能变革。

*

城市与人一样是有阶层划分的社会特征。城市的形象与人的衣着殊途同归，如安东尼·吉登斯所说：毫无疑问，在当今时代，衣着与社会身份并未完全分离，衣着仍然是辨识性别、阶级地位以及职业阶层的重要信号装置。衣着模式受到群体压力、广告、社会经济资源及其他一些因素的广泛影响，这些因素通常会促进标准化而非个性差异。

城市形象的创造与包装在经济、社会等影响之下，也会促进城市形象的标准化，如同各城市形象名片的评判标准一样，包括形象认可所具备的条件、依据、特征、准则等，都要以符合指标为目标，以获取城市的阶层身份，最后城市形成没有个性差异的城市形象。而生活在城市中的人们也追逐并沉迷于鲜亮且趋同的城市形象。千城一面似乎不仅是城市建成环境的标准化，而且还是城市建成环境动力的标准化。

3. 诠释城市

城市的起源有很多种说法，但关于城与市的组合构成，多数人基本能达成共识。城与市在构成形态上来看是不同的，但二者组合所形成的城市形态始终是人类文明空间的代表，是人类社会生存环境的共同映像。

广场、集市本是原野的一部分，但由于被围墙所环绕，所以避开了原野的其他部分，并把自己置于同它们相对立的地位。这块狭小的，但具有叛逆精神的空间从无垠的旷野中超离出来，守护着自己的领地，它是别具一格的一方净土，是一块全新的空间，人们于其中摆脱了动物和植物群落状态，并把它们抛在一边，由此营造一个完全属于人类的文明空间（civil space）。

从原野到文明的过程也是从顺从依附到营造守护的人居环境建设方式的转变。从解释型的城市起源探析到理解型的城市价值判断，也同样是城市时代的人居环境的认识本质。

*

首都城市是一种特殊的城市类型，是政治化的城市空间类型，是分配正义的城市功能类型，是体现国家形象的城市景观类型。而此类城市除了拥有传统的区位、经济、交通等客观条件外，还有一个极易被人所忽视却是支撑首都城市的重要因素，即城市的“威望”。

阿诺德·汤因比说：一个城市的威望在某些情况下会使政府保留它首都城市的地位，或者果断地选择它作为首都城市，即使这一城市在其他方面没有被推荐的理由，并且确实在一个或者更多方面不适合履行首都的职能。赋予“威望”举足轻重的地位并不是非理性的，因为威望是政府与民众间心灵连接的重要因素。

如此来看，首都城市的选择有时要超出一般城市规划的技术范围。毕竟城市规划和威望是两个不同路径下的维度创立，前者是宏大的政治极速试验器，而后者是社会生活的漫长伴生物。

*

城市与其居民之间的互构互塑关系从现代主义之初就已经出现。现代主义城市强调效率，秩序法则的机械化管控倾向将生活在城市中的人的自由法则进行分解并弱化。

由人组建而成的各类关系本是维系人们共同生活的核心价值，但已经开始变成非道德秩序的城市生活准则。格奥尔格·齐美尔也创造了一种现代都市人的类型学，他认为现代都市人受到强烈的神经刺激，变得感觉迟钝，与人交往的方式也变得务实。而这又反过来使人们只注重别人的工具作用，人的关系成了第二位而非第一位，人们更在乎功用和效率，也就是说在利用亲情或其他关系为自己服务时变得更精明。

城市的场所感似乎成为一场骗局，人与地方间的社会交往同样也依附于人与人的交往。作为客观形态的生命人群集聚在城市之中，使得城市成为当前人类生存场所的主流形态，但它仅仅提供了创造生存的机会，而忽视了人间悲喜的生活创造。

当生活在城市中的人都无底线地只追逐财富和利益时，理性主义思潮下的城市意义却永远不是美与理性的。城市诞生的思想精神，正如艾略特的文字：

当陌生人问起："这座城市的意义何在？

你们挤在一起，是否因为你们彼此相爱？"

你将如何回答？"我们居住在一起

是为了相互从对方那里捞取钱财"？

如此直白却又合理。

*

城市是一个能量容器。而能量的产出与消耗之间的平衡并不完全是城市物质环境提供的支撑，还是城市集体道德保障的反馈。城市生活的秩序维护除了依靠制度、规则等管理手段之外，还需要依靠感情、道德等情感方式来补充。

如理查德·利罕所说，城市既容纳生命能量又组织生命能量。当这个容器在道德上处于完满状态时，物质的和精神的能量就以向心的方式和谐相处；当它在道德上有缺陷时，就离心离德，陷入一片混乱。在表面的秩序下面，它总是藏着可能爆发出来的无序。

当把城市道德上升到城市自身的居民共同信念时，城市归属感成为城市作为群体心灵状态平衡下的价值体系。无论如何，道德坐标可以成为城市生存性智慧的维系工具，毕竟面临风险社会的影响，作为人类高度集聚的城市更需要社会信任的驱动提升和社会救赎的信念再建。城市始终是人类命运共同体的道德持存之地。

*

任何一座城市的存在都是有价值的，只是各自的价值内涵异同，我们需要从不同的角度来发现其价值。尼尔·布鲁克把三座相似的城市（圣彼得堡、上海、孟买）进行了横向对比。

相似不仅是因为三座城市的区位环境与区域选址相似，还因为三座城市的建城历程及人文精神也是相似的，三座城市都是港口城市，都是所在国家的经济中心城市，更为巧合的是，三座城市都曾是所在国家政权组织的发源地。

三座城市相似的发展路径流露出城市价值构建的塑造企图，叙事性与情景式相结合的方式，社会力量推动下的文化赋予使得复杂化的城市发展脉络呈现出类似的价值规律，如同城市成长的节律隐约呈现，也如尼尔·布鲁克所言：所有城市都曾经历过现代化进程带来的信仰缺失的阶段，而城市的价值源流的遗迹会保留。从价值机制、价值取向、价值评判三个维度进行解译重构，我们会发现城市价值滥觞的隐性表征。

*

城市空间的社会阶层化从城市诞生之初就已经出现。城市规划虽然能改变城市空间的社会隔离，但总是带有强烈的秩序限制的物质色彩，城市空间也一定不会只是物质形态上的隔离，抑或是物质形态上不完全产生空间隔离的最终结果。因为话语层面的政策也会产生社会隔离，只是物质空间往往成为其天然的屏障。

社会空间上的隔离和居住上的排他性以物质和话语两种形式嵌入城市化过程本身。人们面对的是一个不平等的产权市场，精英群体对城市人口如何过活有一套自己的看法，这种看法随之对城市管理产生影响，隔离由此产生并不断加固（肖恩·埃文）。

话语才是最本质的隔离动因，话语通过群体化力量形成政策，进一步调整隔离的状态，空间从物质属性转向社会属性。但人们却忽视了社会空间的政策计划，而过于重视物质环境的空间规划，空间从来不是物质的，空间隔离既是具体构建的也是笼统抽象的。

✻

城市的定义很多，不同学科及行业都有自己的城市概念。城市规划主要关注城市人口及承载人口的土地空间与各类设施。

因而，城市规划对城市的含义界定主要着眼于人口及土地特征，即人口与土地的高度集聚，包括人口的规模化聚集和土地的高度开发，而规模化聚集更多是呈现出城市外在的形态模式，规模的程度度量在不同地方仍然有不同的标准。

因此，人作为城市的创造者与使用者，人际关系结构才是城市的主要特征，正如马克斯·韦伯所言：城市是广泛的相互关联的定居点，缺乏邻里团体特有的那种居民个人间的相互认识。

城市可以将血缘、地缘、文化传统上大相径庭的各色陌生人聚合在一起，从事着前所未有的交换和交流（郑也夫）。城市终究还是陌生人组成的社会。

✻

城市史在城市规划研究中起着重要的诠释作用，特别是从比较城市史视角来看待不同的城市时，会表现出城市规划建设思潮的传播路径与多元文化互动共生的策略，如全球化、在地化等跨文化流动视角，一定程度上重塑着很多城市的社会—空间结构，通过城市发展过程中的权力、技术、观念等因素的变异，形成不同城市空间营建的机制。

因此，城市史学家将构建城市的各种变量既可看作历史化的主体，也可看作历史研究的客体。城市是其自身进行建构和综合的媒介，无论是想象的还是真实的城市空间，都形塑、构造并表现着其内部的人际关系（肖恩·埃文），从而形成社会建构空间引进的混杂化城市规划思想，并构成新的城市空间模式，最终也催生出更广泛的城市群体的生活样态和社会结构。

✻

城市作为人类聚居的一种类型，是基于不同的地理与人文环境而诞生并成长起来的。因此，城市所展示出来的城市风格理应是多元的，是由不同的人居场所构成。

然而，全球化使得城市建设行为与理念呈现出趋同化的“高效”创造。

全球化背景下的城市生活、工作、消费场所等空间形态随着各类要素的流动发生了物质性的快速改变，城市风格也逐渐呈现出无差异化的特征。戈兰·瑟伯恩认为：在当前的全球时刻，独具特色的城市风格可以由三个更为笼统的范畴更好地体现出来，即垂直性（摩天大楼）、新颖性（商业区和购物中心）以及排他性（门禁和其他手段）。以上三个特征，又在数字时代中借助于影像传播重新在人们头脑中构建出新的城市风格认知观念。城市不仅从物质上变成相似，也从观念上变成相同，城市于是变成了没有参照点的想象中的城市，城市成为由流量价值操控的真实的虚拟环境，从而失去了真正的栖居的意义。

*

传统的知识体系中，城市概念已不可动摇地深入人心。城市的直观功能使得人们总是稳定化地判别各自的角色职能和景观景象。但当媒体概念渗透至城市环境中时，城市的功能发生极大的转变，我们需要重新认识城市的最初本源与一般形态。

从传统的观点来看，城市本身是一种军事武器、集体盾牌或集体装甲，是我们肌肤城堡的延伸。在涌入城市之前，人类经历过采集食物的狩猎阶段，在当今的电力时代里也是这样，人已经从身体上和社会上回归“游猎状态”。不过，现在的采集生活叫作信息采集和资料加工罢了，然而，这种采集生活是全球范围的，它忽视并取代城市的形态，因此城市已经倾向于陈旧萎缩（马歇尔·麦克卢汉）。

很多价值的观念转变，使得我们可以进一步理解城市的时代演化。城市的传统概念与当代形态依然是借助于信息的相关方式变化而产生不同的时代中的认知与理解。

*

城市规划的核心内容始终是城市土地的使用管控与引导。然而，随着城市化趋于稳定，大量人口集聚在城市中，城市的土地也成为存量化的基础环境，而城市中生活的人民才是赋予城市土地价值与魅力的主体，古代时期作为城市形态的城邦也是如此。在实践与象征的双重意义上，尽管土地对城邦认同是重要的，但更重要的是来自城邦居民的认同。城邦之为城邦，最根本是在其人民（梅丽莎·莱恩）。

人民的城市不是一个口号，当城市化步入城市时代时，规划师需要认清社会认同的重要性，建设有温度的城市一定离不开社会认同的保障。人民的城市也一定是有认同感的城市，构建包容、诚信、民主的公民生活才是未来城市规划的宗旨，而这些都要从构建社会认同开始。社会认同之下的城市规划才是符合人民需求的城市规划，但在此价值引领下，城市规划如何才能发挥它的作用呢？

*

城市发展必然会依赖于城市规划吗？城市的产生与发展往往与城市环境有更为密切的关系，城市规划只是人为的未来导向干预，这种干预行为与意图总是与不确定性有关，因此，城市规划不能只关注城市物质空间的研判与预测，还需要理解城市与城市环境的关联程度。城市与城市环境是合二为一的人居环境关系性建构，要理解城市与城市环境如何运转，就要明白城市是一系列关系的共时性互动。城市的活力很大程度上来源于多种要素在空间上的集聚。城市里有不同背景、不同技能、不同才能和不同世界观的人们，有各种各样的机构和组织，并以规划或未经规划的方式将多种物质和非物质要素紧密联系起来（里甘·科克，艾伦·莱瑟姆）。城市环境不仅有自然环境也有社会环境，而城市社会环境由于规划或未经规划的方式又会形成社会系统及社会演化的双重特征，城市规划的成效在于对城市与城市环境进行社会联结而非社会切断，在于城市自然环境的社会化调节而非城市社会环境的技术官僚权威化的自然环境控制谋算。

*

亨利·列斐伏尔的理论离不开城市规划这一话题。城市规划作为空间的介入者，一定是在某种利益的支配下参与到空间的生产中，并具有共同的标准。

空间的表现始终服务于某种战略，由于城市规划的介入，空间—定位—功能的方式替代了社会活动空间化的形成，城市规划需要利用其他学科来实践，将社会空间功能化，而城市的作品属性也逐渐远离现代社会，从此，城市变成了产品，空间的生产是简单的又是复杂的。

二、关于乡村

1. 乡村内涵

人是群居的动物，而乡村与城市是人类群居的主要形式，并伴随着人居环境建设不断地演化。

不管是乡村还是城市，要构建有序且高效的运营方式，就一定要借助于人类的道德体系形成的社会团结，团结要靠合作来体现，合作又要靠秩序性制度的相互遵循和互动调控。

但乡村与城市的差异很大，乡村更依赖于机械团结，群体规模小，社会容量小，因而，乡村能人是集多种技能于一体的团体化社会组织首领。城市则借助于有机团结，群体规模大，社会容量大，因而，城市精英是集单一能力于一体的分工化社会运作力量。

我们发现乡村与城市的区分完全可以通过群居的艺术来界定，乡村是共同意识自然状态下的人居环境形式，城市是个人意识的人工状态下的人居环境形式。

但人始终是有机体的智者，从环节社会的乡村时代迈入结构社会的城市时代，始终呈现着从独立到融合再到分化的社会发展特性。

未来，当人类文明到达一定程度后，城市会不会又演化为集体化的分工，或者这种趋势已经存在于城市之中？

⁂

城市是人类社会的高集聚服务中心，是城市化的重要场所，城市的出现一方面为人类的生活提供了便利的空间，另一方面也为人类的行为多样性提供了天然的条件，而在城市的雏形即大型村落和城镇的发展过程中城市化就已经开始兴起。

大型村落和城镇的出现也在重塑经济和资源稀缺的动态关系上发挥了重要作用。由于大多数城市居民的物质需求取决于在农村生产粮食的农民，因此，城市居民就能够集中精力去追求地位、财富、快乐、休闲和权力。但城市很快就出现了不平等问题，而在城市内部，人们不再像小型农村社区那样被紧密的亲属关系和社会关系凝聚在一起，这一事实加剧了不平等现象。结果，城市居民开始越来越多地把社会地位与从事的工作联系在一起，并与同一行业的人建立社群。

城市为人们生存的训练提供了思考场景，集体秩序与个体价值的多元化，使得城市的社会结构更多地依赖于业缘关系，这超越了农村社区传统的血缘关系。由于行业的类型使得城市能够成为资源的分离器，从而使自然资源与社会资源在城市中共同演化了自然秩序的颠覆。自然的不平等通过城市的调配机制形成社会的不平等，但人类社会的分裂相生现象是由于城市的出现吗？

⁂

乡村规划中经常会遇到乡土文化传承的问题，其中，不同于物质化的乡土建筑遗产，独特的传统技能技艺是散落化地依附于乡村生活中（图2），因此许多村落在旅游凝视中为构建乡土技艺文化载体而建设的乡村记忆馆、乡村民俗馆等文化传习展示场所。然而，在经济发展浪潮中，乡土社会中的传统技能仍然很难单纯地常态化保留，而通过以上方式进行的展示性保护，也依旧是静态的、博物馆式的被动化刻意展示，总是受经济利益所驱使形成变味的“展演”平台。

在现代社会中，齐格蒙特·鲍曼说：在我们的生活工具箱中，已经没有剩下什么更多的东西。在快餐和手机盛行的年代，老式的社会化技能要么被遗忘，要么因为低效而被束之高阁。因此，如果每个乡村规划都提出乡土文化传承的刻意化建设，最终

图2 乡村聚落的自然景象

乡村聚落的诞生是自然景观在乡土社会中的传统技艺表达，如同乡土建筑营造活动仍然是传统技艺的朴素表现。

会形成一味性趋同化的文化展示方式，新的同质化也会出现，而社会也依然会将之摒弃。快速高效生活中的人们无法用宁静单纯的心态去欣赏传统技能，文化意味缺失下的现代生活，文化传习展示场所最终只是提供一个瞬间的感叹而已。

*

乡村振兴并不是振兴乡村环境而是振兴乡村精神，乡村精神至少包含以下两个方面：其一，族群村落中保持着不同家庭代际之间辈分称呼的存在；其二，族群村落中保持着不同家庭户际之间祭祖活动的存在。

因此，只有这两个“存在”没有消失并且能够相互依存并共同延续，同时这种状态不受社会巨变的影响，而是一种自然的传承，乡村精神才会始终存在。

目前的现实是城镇化趋势成为当今社会发展的默认模式，乡村精神受到极大冲击，乡村人变为城市人，城市观念代替乡村观念，上述的两个“存在”都开始逐渐减少并消失，最后变得不存在，而隐性的乡村系统稳定性使得乡愁成为记忆，成为乡村精神的唯一寄托。只有乡村精神能够被继承，乡村振兴才能实现。

2. 乡村社会

在中国的乡土社会中，乡土庙会是一个独特的存在，这一活动是集纪念、信仰、经济、社交于一体的多元功能的事件构成，这一活动总是能与乡土社会对接，形成乡土社会民众生活的重要组成部分。从空间构成上看，乡土庙会是集公共—私人、神圣—世俗、喧嚣—静谧于一体的时空转化的关联组群。

只有脱胎于乡土社会环境并能与乡土社会保持稳固互动时，以上特征才会出现，乡土庙会也一定是乡愁的记忆载体之一。乡土庙会与村落、族群、交往有关，也与市集、民俗、精神有关，这些都是乡土社会中被集体认同。

如果将乡土庙会移植于城市之中或者传统的乡土庙会被城市建设所包围时，其本源的特性会发生变化：以经济追逐为导向的旅游观光会代替乡土庙会的信念交易；以文化传承为修辞的遗产遗迹会代替乡土庙会的精神流转；以政治绩效为目的的管理经营会代替乡土庙会的自然运作。

当这些现象出现时，乡土庙会的乡土性也会消失，而开始向城市景区转变。从此，乡土庙会变身并呈现在不同社群全民熙熙攘攘共处、全时全业热闹狂欢的城市旅游观光、文化遗产、民俗展示的文化创新示范区中。

*

乡建近年来很为火热，但热潮中我们需要认识到这种极大的热情更多的是立足于乡建倡导者与乡建创设者，立足于乡建外围观察者与乡建主动获益者。

目前乡建的基调大多数带着旅游开发的性质，总是想方设法让旅游发展裹挟乡村建设，总是站在外来人的立场来干预乡村建设。

乡村人是熟人社会中的个体，即使当前城市化在分解熟人机制，但通过共同祖先的机械团结仍然在凝聚和保存着集体记忆。作为一种乡村发展的叙事方式，乡村集体生活是一种稳定的共同体耦合，如若乡村建设一味地过于包装乡村文化，并试图使其满足流动性的现代城市人的生活需求，这本质上是一种人为破坏道德规范的行为，是一种极力想通过城市人的生活方式同化并渗透乡村人的生活方式的手段。

《回乡记》一书告诉我们，乡村建设首先不是为了实现城市中产阶级的乡村梦，也不是为了城市中产阶级提供风花雪月的乡愁，而是为仍然要从农村和农业中获得收入和退路的农民提供最后的选择。为最为弱势的农民群体进行乡村建设，这应该作为乡村建设的基本原则。

*

乡村规划的立足点要建立在理解乡村传统社会构建本源及乡村日常生活运转内涵的基础之上。乡村规划不应该仅仅关注乡村土地及物质空间，还应该理解乡村生活的独特样式，乡村生活既有浪漫田园也有礼俗延续，特别是在地方空间相对稳定与流动空间即时流通的当代信息社会中，乡村社会空间已经出现了被城市空间强势“侵略”的态势。

乡村生活是建立在互有认同感的社群网络之中，乡村社会空间是现实世界的经验图景，是空间主导下的时间流逝，而城市化以及推动城市增长的城市规划始终围绕时间去驯服空间，是虚拟世界的想象再现。因此，如何理解信息时代中的乡村社会道德感知力，开展去抽象空间的再认识，回归生活空间应该是乡村规划深入剖析的关键。

然而，现实却是乡村规划对生活的肤浅认识，并自然地带有偏见地试图通过城市规划的手段去管理和调配乡村土地资源及空间环境，忽视了乡村社群与城市社群的生产生活逻辑差异。当信息时代中的乡村生活与共享传统开始断裂和瓦解时，乡村生活景象一方面在表面上浮现出与城市生活不同的异质面向，另一方面又受信息化的裹挟，实质上呈现出萎缩态势。乡村社会中深厚延续的团结基础，会随着信息化的冲击而使其情感、道德乃至生活因素消失吗？虚拟空间中的乡村生活只是一个虚假的供城市人进行消遣的消费对象，甚至只是一个通过城市规划刻意制造出的在网络世界中可感的乡村符号，并不是与城市平等的人居社会空间。

乡村规划一定不是也不能是实现功利目标的工具。

第二篇 规划与设计

一、关于规划

1. 城乡规划的对象

城市规划的对象总是离不开土地，城市规划是调节城市土地利用的重要工具。

从政治经济学角度看，大卫·哈维说，土地市场有助于按照用途来配置土地，但是金融资本和国家（主要是通过一个机关来调节和规划土地的使用）也充当了协调者。为了抵抗土地市场周期性地承受不连贯和投机狂热，国家可以动用诸多权力：调节土地的使用，没收土地，规划土地使用，最后还有实际的投资。

然而，城市规划作为一项有时间特征的工作，规划期限是未来的若干远景的实现时期限段，在此时段内作为城市资本的土地理应会随着经济周期的波动而变动。

大卫·哈维认为建成环境必须被看作是一种具有地理秩序的、复杂的、复合的商品。

土地之上的城市建成环境受制于土地对其的要求，城市规划的工具理性一定不是刚性的，经济依旧是城市发展的动力，资本流通于城市的各个角落，城市规划似乎也扮演着城市资本助推者的角色，城市规划应该与价值规律相适应，建成环境也应该是弹性变化的。

*

土地是城乡规划建设的对象，也是城乡经济社会发展的基础。工业用地是城乡建设用地中最常见的土地类型之一，对规划人员而言，既熟悉又陌生。熟悉的原因在于城乡规划工作中，工业用地的布局往往是最具“刻意化”规划特征的，比如风向、河流流向、集聚、污染、隔离、防护、交通等特别路径基本是工业用地布局时的重要关注点。陌生的原因在于工业用地的特殊性，使得规划人员往往将工业用地规范化、标准化地布置于城市的某个边缘角落，形成集中化、规模化的选址特征，而至于工业用地所涉及的类型、运营、权益、预期等内容基本不会考虑。

随着城市化趋于稳定，以商业服务业和住宅为主体的房地产用地，成为城乡规划中最被关注的领域，也成为上至政府部门下至普通百姓最青睐的城市建设项目，城市景象流露出消费感官的直接展示。反观工业用地却似乎越来越淡出人们的视野，工业用地或成为人们固化观念中避而不谈的老旧工业区，或成为人们陌生意识中远离生活的新工业园区。工业用地往往占地规模较大，同时土地效益较低。从城乡规划角度看，工业用地是低开发强度的特殊行业属性的生产区域，又是制度演变中涉及城市产业发展保障及政府税制收益稳定的重要对象和主要来源，是传统城市扩张中谋求增量和当前城市更新中盘活存量的重要对象。从城市更新角度看，工业用地所释放的价值要远高于老城区其他用地，但它的边缘境地一直使其关注度不高。

然而，不管城市如何发展，工业始终是一座城市的支柱，是城市不可缺少的功能。即使在消费社会中，人们似乎远离了工业，但城市消费的来源依旧是工业产品的生产经营。未来的城市建设过程中，我们需要重新认识工业用地的价值，将工业用地与制度演变对接，全面认识新时期工业用地的更新。我们需要从理论和方法上系统研判工业用地的空间潜能，将传统孤立的工业用地放置于国土空间规划体系中，重新配置工业用地的资源价值，使工业用地的外显价值进入大众的视野。

＊

城市规划的核心对象是人们生活的城市空间资源，虽然业界一直呼吁规划师要树立人文情怀，但以土地为基础的空间资源依然是城市建设的载体。

城市的土地资源总是有限的，资源的有效性和对资源的支配是社会互动中形成权力的关键。因此权力是伴随着人类社会发展的重要产物，甚至人类就是权力的化身。城市规划仅仅是集体化社会中的权力工具之一，阎云翔在研究农村社会演化时认为：集体化是关键性机制，干部借此垄断了所有的经济、社会以及政治资源，从而控制了村民的生活。如今，城镇化已经吸引着村民向市民转变，城市扮演着现代社会发展的典型角色。

个体化的崛起及敢于追求个体的发展，是现代城市规划应对后现代社会的根源和必然，然而，社会秩序的变迁总是集体与个体相互推动并在其共同生活转型中形成。

＊

城市规划所涉及的城市用地一定是营利性的，且数量居多，而房地产与城市资本的关系极为密切，因此，土地用途对于土地开发而言是获取巨大利润的强大动力。

通过只将特定的小块土地安排特定的用途，规划体系创造并维持了土地的稀缺性。在地块上的投资回报也就借助规划体系得到了保证，因为后者能对建筑用地的供给、开发项目的数量和规模加以限制。

可见，城市规划师在确定一块用地规划指标内容时，要兼顾私利与公益的平衡，毕竟城市用地是一座城市的自有“资本”，而“资本”的流动总与城市的空间结构共生，利益的分配和竞争通过城市交会而又塑造城市。

＊

不同社会发展时期中的城市规划总是扮演着不同的角色，并非一成不变。城市规划从最初的人居环境营建指导到如今的空间生产推动支撑，与资本主义发展动力一致。

城市规划就是通过资本主义对自然和人文环境的拥有，顺其逻辑发展成绝对统治的资本主义，现在能够也必须重新构建空间的整体，并把它当作自己真正的背景。

同时，随着技术的进步，城市规划这一人本主义导向下的公共政策也开始脱离人，而依赖于技术工具。通过技术工具来改变人的行为与观念，但终究禁不住资本的诱惑，持续渐变地形成人被迫使用技术工具的新趋势。

如果说资本主义经济的所有技术力量都应该被理解为实施分离，那么在城市规划的情况下，人们与之打交道的是技术力量普遍基础的装备，是对适合于展开技术力量的土地处理，是对分离技术的开发（居伊·德波）。

只是土地作为城市发展的基础，仍然需要工具的技术维护和人的节制爱护。土地是需要适时恰当地留白，而非义无反顾地全盘占据。城市规划技术观也需要适时调整改变，毕竟人居环境与空间生产有时是若隐若现的关系，城市规划不一定是增长型的增添，也可以是保育型的缩减。

✻

市场的力量一直规范着人类社会的交易活动，商品或服务价格的参考点只有在市场中才能找到，从这个角度思考城乡规划相关工作会是什么样？城乡规划编制工作在早期是属于政府相关机构的职责，毕竟城市规划是公共政策。然而，当城乡规划编制这一政府工作行为转交到市场后，市场化的公司开始承担着大量的城乡规划编制工作，招标、汇报、评审、费用等字眼充斥在城乡规划编制工作的过程中。此时，城乡规划编制似乎变成了商品服务活动，企业服务工作最后所提交的城乡规划成果，也是最终的商品，相关部门购买此商品来消费使用。当把城乡规划编制工作视为一类商品服务时，城乡规划的公共政策属性也发生了转变，成为政府购买的一系列管理标准。

企业提供城乡规划编制服务是为了营利，而政府需要城乡规划编制成果是为了管理。城乡规划的目的是城市空间资源的有效配置，其主导权仍然在管理方，但政府将自己所管辖的城乡空间资源交给企业来规划成为当前的主流。

目前的城乡规划编制工作成为市场化的商品，公司更看重费用，即商品价格，企业编制某个城乡规划的动因是盈利，至于规划成果的质量他们无法保证，因为质量的评判取决于政府，企业不需要检验，企业对其商品的合格标准就是静态化的节点式审查，此环节之后也意味着商品交易已经完成。

规律性市场的出现，使一个特定类别的物品被定义为商品，并从大量有效的交易行为中抽象出一种能够代表全部交易的理论价格成为可能。当城乡规划的编制工作转变为企业生产服务时，城乡规划工作也顺利形成了行业市场。当高额的规划编制费用陆续出现后，人们往往只关注如此之高的价格所购买来的商品到底是什么样的价值。城市规划的市场价格代替了政治价格，政府花高额的费用购买商品，是否值这个价值？

在价值理论中，价格由供求均衡机制决定。城市的发展空间总是有限的，而对城乡规划服务的需求者来说，供求均衡如何可能？需求者的边际效应又是怎样的呢？

*

城市规划的工作重点是预测城市未来，具体来说是预见城市未来的发展状况，从而确定城市建设的内容。彼得·霍尔认为，规划是对未来一系列行动决策的安排准备，旨在通过最优方式达成目标，以及从可能的新决策系统和目标的结果中吸取经验。

城市规划是涉及城市公共利益的公共物品产出的政策条件，因而，如何预测未来的城市发展状况与城市建设需求成为最核心的内容。城市规划所涉及的公共利益载体往往是城市公共空间中的公共物品，因此很难通过精准的方式提出一个合乎所有利益相关群体的方案。

城市规划师需要重新思考公共空间设计中明显的工具化取向问题，并承担风险建设更多无论目的或使用方式都保持松散和暧昧状态的空间。不做事先设定，容许意外用途和各种可能性涌现出来。但将这种设计理念付诸实施时面临着很多挑战。

任何城市建设都会涉及权力的效益预期与利益的博弈研判，城市规划仍然是未来不确定性的一次随机性的猜测，可能正确，也可能错误。只是城市规划师也仅仅从个体、规范、价值等方面进行一次次意外的突破，但终究还是一种预见未来的不断修正。

*

城乡规划是一项涉及利益分配的工作，但由于城乡规划偏重于城乡土地空间的管控，因而土地价值效益的再赋值或土地价值的增值条件确定始终是城乡规划的核心内容。

可见，从传统视角看城乡规划所涉及的利益更多地带有经济价值的色彩，即土地利益就是土地使用效应的回报。但城乡规划不仅仅会创造或分配经济价值，也会塑造土地的其他利益，只是城乡规划过程中对利益的理解如同其他学科一样趋于狭隘，总是认为可以通过经济尺度来衡量。如理查德·斯威德伯格所说：20世纪以来，“利益”这个术语开始被一个更具有中立性意味术语“效用”所代替，而“效用”这个术语依次又被后来的“明显的偏好”这一观念所替代。利益，这个对某些思想家来说，最初的含义是动机或者“行为动力”的概念，如今在解释人们行为的目的时也只剩下很小的作用了。

城乡规划作为再塑城乡空间价值的手段，可以理解为经济利益始终成为平衡各方利益者的首要中介。但城乡规划所涉及的利益远比经济利益要复杂，毕竟有一些利益无法用经济价值来衡量，城乡规划也会涉及社会、政治、情感、文化等多方面的内容，但当我们只通过经济利益来平衡各方时，场所精神下的集体记忆只会永久消失，如同乡愁那样只会迷失在时间中。

*

约瑟夫·熊彼特的创造性破坏着眼于经济发展世界中工业毁坏的可能，主要考察了技术反面性的正面性反映，同样也增强了经济领域中技术革新的解释能力。如果将经济活动扩展至整个人类社会的人居环境建设演化，创造性破坏的实际效用在城乡规划领域也有所体现，城乡规划面对多元对象需求，始终会有冲突重叠。城乡发展过程中也离不开原始积累的环节，在这一过程中，创造性破坏也会推动着城乡环境的观察与控制方式，而城乡空间又是社会空间的重要代表。如菲利普·奥曼丁格所说，原始积累需要一个创造性破坏的辩证过程，这就有必要让规划既是破坏者，也是创造者。创造性破坏，作为规划的本体论或者规划的基础，需要通过使用更新、复兴和振兴等标签让其在政治上可以被接受，这些标签实际上也是规划和规划师长期坚持使用的短语。一直以来，城乡规划面临的不仅是物理空间，而且还有维护物理空间的社会操纵工具。因此，在营建、改造、提升、优化城乡人居环境时，城乡规划除了支持经济发展技术上的创造性破坏之外，还会有维护目标期望的文化、政治上的创造性破坏。总体上看，经历了多种城乡空间管控方式的演变历程，在生物意义和经济学层面上的生存原始积累完成之后，社会意义和政治学层面上的生活观念革新才会呈现。城乡规划并非简单的空间本身的创造性破坏，而是复杂的空间被支配的创造性破坏。

*

城乡规划作为关注公共利益的一项政府工作及政策工具，对公共利益的认识往往是借助于政治学范畴的公共管理层面的规范，即使公共利益的概念始终不是清晰化的。因此，城乡规划视域中的公共利益，往往都是着眼于“公共”，“公共”意味着认同感的合法性。然而，“利益”多与经济效益有关，“利益”总是意味着效率导向的理性化。从城乡发展的历史进程中看，市场仍然是城乡规划实践推进的实质动力。

以增长为重点的城乡规划需要衔接公共利益与市场经济。城乡规划提供了一种公共服务的稳定性，而这种稳定性又是应对未来不确定性预见的变动性。在此观念之下，城乡规划的合法性更加体现出政治与经济的共存、共生关系。城乡规划的对象是一个涵盖政治、经济、社会等的人文社会与自然环境共存的人居环境，往往会涉及部分群体的经济领域及部分阶层的政治意图，而社会连带性之下的社会整合，也需要依赖法律、道德、文化等社会因素。

毕竟，社会需求中的公平与公正才是社会发展的质量判定标准。无论如何，城乡规划一定是特定制度下的有限理性组织方式。

*

作为影响公共利益的城乡规划，始终带有公共政策的特征，而城乡规划由于聚焦于空间这一融合经济发展、社会构建和政治管理于一体的人类生存对象，必然在其开展过程中涉及分配、调节与引导的作用，公共利益成为三者共同的对话媒介。然而，经济与政治是相对单纯的行动方式，因为经济秩序与政治秩序的控制观念往往带有有与无的偏好价值，公共秩序成为二者的连续化代号，然而公共利益的社会构建则更多体现为好与坏的偏好价值，自然秩序的自发性始终带着社会改革的推动。公共利益需要放置于社会学视角来重新认识。社会不但是一个令人敬畏的统帅，而且还是一个在质量上比个人高得多的实体，使我们必须尊重它，忠于它，并且崇拜它。由于社会的共同体特征，社会身份与社会根源成为社会分层的前提，也成为人们判断公共利益的基点，然而社会组织起来的运转离不开公共利益的拉动，集体利益有时成为公共利益的幌子。弗里德里希·冯·哈耶克说，社会为之组织起来的“社会目标”或“共同目的”，通常被含糊其辞地表达成“公共利益”“普遍福利”或“普遍利益”，无须多少思考便可看出，这些词语没有充分明确的意义来决定具体的行动方针。千百万人的福利和幸福不能单凭一个多寡的尺度来衡量。一个民族的福利，如同一个人的幸福，依赖于许许多多的事物，这些事物被以无数种组合的形式提供出来。它不能充分地表达为一个单一目标，而只能表达为一个多种目标的等级、一个每个人的各种需要都在其中占据一席之地的全面的价值尺度。

公共利益只有机制尺度，而无法构建标准尺度，毕竟人类社会是情感化的社会互动博弈结果，集体信念与个人情感之间永远呈现出复杂的意向或非意向性关系。回视城乡规划的角色，却是围绕着构建公共利益的标准尺度而开展相关工作，城乡规划无法摆脱社会学角度的合法性的政策工具，似乎只能成为保障公共利益的预先承诺，城乡规划只能为公共利益服务吗？

*

城市规划的目标是通过科学分析对城市未来发展进行科学引导，而在此过程中总会涉及公共利益的诉求。城市规划在其工作过程中需要立足于不同层级的公共利益，着眼于城市空间的公共情感与价值判断。然而公共利益的正当性与适用性由于受长居或短居群体、直接或间接利益相关者、大个人或小集体的资源引导结构的变革与挑战，很难形成完全统一的集体性回应，公共利益的合法性原则经常呈现出复杂而微妙的断言，对其批评也经常出现新的妙义。批评者认为，公共利益的合法性原则暗示了其较个体公民的有限利益而言具有更高的道德价值，而在公共利益的实现过程中，民主进程阻碍了公共利益的实现。这实际上是迫使人们接受被赐予特殊“天意”的专家和领导者的统治（多米尼克·迈尔，克里斯蒂安·布卢姆）。这种对公共利益建立在道德价值上，又借助于民主的方式进行实践的日常形式成为公共利益实现的障碍，城市规划的角色功能可能是民主进程的指导也可能是民主进程的监督，只是城市规划工作程序的制度通道对于专家和领导者而言是高度适应的，而对于普通群体而言是临时错位的。作为公共政策的城市规划仍然需要从社会层面探寻和体现公共利益的合法性原则，这可能才是城市规划承担着从城市管理向城市治理转变的功能演变特征。

＊

城乡规划是一项公共政策，是一项涉及城乡空间合理使用、管制的政府制度。作为制度，一定会有缺陷，因为，资源与人口是一对难处的世界构成系统。加勒特·哈丁的公地悲剧告诉人们，无管理的公地的后果就是在一个有限的世界中，公地的自由给所有人带来毁灭。

城乡规划是一项涉及多方利益的工作，是人为预设的为人预设，“人为”是规划制定的供给群体，“为人”是规划使用的受益群体，两类群体双方都是资源分配使用的博弈共存，而这一切又是人性的本能驱动。作为人性，一定会有弱点，因为，城乡空间的公共化成本与城乡人群的私有化利润总是受“生存”公地的有限性所限制。

制度与人性的对接是一种危险关系，调节两者的关系很重要，城乡规划是一项安放人性的管理制度。持续增长与有限控制是城乡规划最核心的价值理性与工具理性的宗旨结合，完美的供给与需求是不存在的，因为制度缺陷与人性弱点，不完美的悲剧终究仍是悲剧。

＊

城市规划作为一项政府工具，其工作宗旨是落实政府福利性的公共资源配置安排。以往对城市规划的认识更多的是立足于工程技术范畴，但对核心宗旨的理解并不深入，毕竟对城市建成环境的物理学认知体验比其背后社会评价的经济学判断推论要直观得多。影响城市社会福利的城市规划的确能够对经济社会福利的最大化产生重要影响，只是城市规划的直接改造特性与城市综合效益的时滞性之间存在着巨大的利益关联与时序错位。

正如阿瑟·塞西尔·庇古所说，城市规划需要政府统一安排，因为建筑商追求私利的活动往往具有很大的外部不经济性，期望投机商各自为政的建筑活动会产生一个规划良好的城市，就像期望一个独立不倚的艺术家在画布上不连贯地作画会产生一幅完美图画那样徒劳。根本不能依赖“看不见的手”来把各个部分分别处理组合在一起，产生出良好的整体安排。

从福利经济学的视角认识城市规划，可以看出，城市规划作为政府干预的工作特性是必要的、必须的，也是必然的，但干预的方式手段行动一定是总体的社会关系范畴。

2. 城乡规划的价值

城市规划的价值除了本质层面的利益再分配之外，还有最浅显的秩序再构建。而秩序总是理性的产物，似乎感性的产物总是温和的混乱，而秩序总是冰冷的机械。但这种机械表面上是高效的，实质上并非永久持续，利益的本质与形式的变动使理性经济成为秩序建立的宗旨和动因。

经济学家习惯认为，人类是理性动物，是为了自身利益而行动的。他们甚至给我们起了个名字，来反映人类这种所谓的很理性、效用最大化的本质：经济动物。我们的理性被夸大了，尤其是在涉及政治的时候。世界是混乱的，但由于我们对秩序强烈的愿望，我们就能看到秩序（里克 · 申克曼）。

理性的被夸大也正如城市规划建立万能的乌托邦愿景一样（图 3）。理想的蓝图仍然是秩序的预先安排，但秩序的现象一定是必要的和有益的吗？正如贝尔纳德 · 曼德维尔所说，各种卑劣的成分聚合起来，便会构成一个健康的混合体，即一个秩序井然的社会。

*

城乡规划的学科属性随着社会的发展而呈现出不稳定性，而如果要通过学科方法的标准来界定，很难有明确的答案，毕竟城乡规划总是会涉及自然环境与社会环境。

新康德主义西南学派，主张把自然和社会截然分开，并为研究这两个领域提出了不同的方法：自然科学使用的是一般的方法，而社会科学所使用的是个体化的方法。换句话说，自然科学是对抽象的、普遍的规律的说明，而社会科学则是对单一的、一次性的具体事物的描绘（高宣扬）。

如此来看，城市的物质空间可以抽象化地进行着普遍规律的探寻，而城市的社会环境也可以是具体非物质事物的展现。自然与社会总是在退隐与回归之间摆动，城乡生活互动模式会涉及多元矛盾。利益纷争的协调才是城乡规划的重点，从学科方法的渗透到学科属性的转变，才是理解专业自身的关键。

*

包容性城市至少是包容性城市规划引导的。从城市规划角度看，不同区位和规划条件的土地建设成本不同，收益也不同。因此，从城市土地使用开发预期看，城市规划是重要的权益条件。城市土地开发所引导的建成环境一定不是均质的，权益条件的不同必然会形成建成环境价值的不同，从而又迎合审美价值的不同。

皮埃尔 · 布尔迪厄提出审美配置也是社会空间中的特权位置的一种区分表现，而社会空间的区分价值客观上在与从不同条件出发而产生的表现的关系中确定自身。

可见，审美与环境是互动的，互为因果，双向演变。作为一种艺术认识方式，审

图3　城市规划的“价值”

除了乌托邦愿景之外，利益创建的理性预期也是城市规划的人为“价值”。

美配置接纳或排距建成环境，而建成环境又会构建社会空间，社会空间也对审美配置加以重叠。审美配置起聚集和分隔作用。

城市规划作为一项公共政策工具，会促成不同的审美配置，或受不同的审美配置影响。群分化的城市空间如何成为真正的包容性城市空间？包容性城市仍然是生活场景的审美化叠加。

*

国土空间规划是国土空间产权的主体性公平化分配，国土空间要永续发展就必须通过不同的手段使其保值增值，产权的作用不可忽视。

传统的城乡规划过多侧重于空间开发，而忽视空间利用，国土空间规划可以实现开发与利用衔接。开发是使国土空间的资源本质发挥效益，是立足于地方层面的“部分”管理方式。利用是使国土空间的权属本质发挥效用，是立足于国家层面的“全体”管理方式。

不管是开发还是利用，都会形成空间资源与人的关系的变化，空间的有限与社会的发展要借助于空间保护，这才是国土空间规划的价值与意义所在。

通过国家层面，人口分布－经济布局－国土利用－生态环境的多元互动，发挥国土空间规划的作用，才会实现十年景观、百年风景、千年风土的国家场域体系，国土空间规划是一种国家治理术，是小康社会的逻辑支撑。

*

城市更新成为存量时代城市规划的主要工作内容之一，也成为面向社区的空间治理工程之一。关于城市更新的内容繁多复杂，而最终的关键问题是更新工作的动因、收益与保障。利益再构与价值再建成为当前最复杂的内容，也是能否推动城市更新工作顺利进展的关键。因此，城市规划面对城市更新工作时，将面临不同的角色对象博弈如上问题，城市更新并非是单纯的经济价值问题，还会涉及多元化的社会问题。

马克·格兰诺维特说，即使是纯经济目的的行动，也需要通过熟识之人才能达到最高效率。但是因为很多人在追求经济目的的同时也会追求社交性、他人的认可、地位以及权力，且所有的目标都可以同时追求，所以他们极有可能会在熟人的网络中发展经济活动。

如此看来，城市更新工作是一项经济社会学的理论实践，而城市规划的权益再界定与再分配显得格外重要。但城市更新一定不是城市规划所能够独立完成的，更新活动从来不是一蹴而成，也从来不是一家之言。

*

城市更新工作的难点在于财产权前提下的不动产空间再增值，而改扩建项目在城市更新中都带有所有权色彩下的不动产增值盈亏平衡的内容。因此，当前城市更新的本质依然是不动产财产价值再提升的可行性讨论。但在物权保障与家庭伦理的双重影响之下，针对财产的市场价值损失也逐渐成为经济道德的新热点，既牢固又脆弱地互渗着。

丹尼尔·汉南说：人是一种社会动物，大多数人类社会都将部分财产视为是共同占有的。在有法律之前，有城市之前，有庄园之前，有工具之前，甚至在有文字之前，男人和女人就生活在亲属团体中。从史前时代到前现代（甚至，实际上到现代世界大部分地区），最基本的经济单元还是扩展型家庭。调整所有权与流转的法律就是在这一背景下发展演变的，所以，自然地，宗族优先于个人。

如果现代化将宗族乃至家庭逐步消解，而个人地位上升至财产持有及参与的单一化时，城市更新的对象会发生快速地移植乃至重构吗？

*

传统的城市规划只关注城市区域，而忽视非城市区域。因为城市比非城市更集聚，不仅是人和物的集聚，还有资本的集聚，城市是资本流动的主要汇集节点。国土空间规划体系的建立是及时的也是适时的，城市化的加速期是城市与非城市类型不断模糊化的阶段，城市及其腹地的界限也是逐渐消亡的。

资本全球化背景下，城市空间的集聚不仅仅是地理空间尺度与形态的集聚，而且是社会空间的集聚。城市是世界网络中的多尺度重构，此时，应对全球城市化的国土空间规划，是需要改变传统的规划设计思维，建立整体的区域观念。要从城市的居住空间过程向城市的社会空间过程转变，从不同尺度中理解城市空间转型，毕竟城市在变化，城市变化的环境同样在变化。然而这一转型过程，对于城市规划设计人员而言，又充满了新的挑战。尼尔·博任纳说，设计师们正面临一个重要的道德选择：是站在帮助资本积累的立场，打造生产利润最大化的功能景观区；还是探索新的方式，正确认识与重新构建面向集体使用和公共利益的非“城市地理”意义上的城市化。

区域不平衡现象是所有国家面临的现实状况，我们需要城市作为国土空间中的社会节点，将城市放置于更宏观的尺度中认识城市发展的深层危机与挑战。从而，民主、平等、公正等关键词才会真正地在城市时代中体现出来。

*

城市规划本质上是一项协调城乡空间资源分配的政治工具，其本源始终是政治性的。从古至今，城市规划政治学一直是其存在的基础，但由于在城市规划的具体工作过程中，一直伴随着技术的革新，城市规划工作也越来越依赖于技术手段来提升自我，以达到利益配置、公平正义等工作效果的合理性，并尝试通过超政治的社会—技术手段来指控城市规划甚至重构城市规划的行业知识语境体系。

现代化技术革新让城市规划迅速成为各类新技术施展的首选领域，技术工具的普及代替了传统思考的过程，超政治为重新认识社会提供了一种可能，同时为城市规划的更新提供了一种新的解放路径和理由支柱，但技术支配下的超政治是失去意义的虚幻的乌托邦。超政治还是这样一种情形：从生长到异常生长的过渡，从目的到超目的的过渡，从有机平衡到病灶转移的过渡。这是灾难的场所，不再是危机的场所。事物以技术的节奏突入其中，包括软技术和迷幻技术，拖着我们进一步远离现实、历史和目的（让·波德里亚）。

一切以空间价值为载体的城市规划工作超越空间，并尝试通过超政治的视角去重新发掘无意义的政治语境世界中的新秩序。但技术终究是人为的辅助系统，如果过于依赖技术的表象化包裹，城市的自然流动与演化必然会被机械化的技术所掩盖，城市规划也会被超城市规划所代替。政治性的空间资源工具仍然是搭建人与空间的领会式对话，而不是由人类所形成的技术与空间的僵硬化对话。

*

城乡规划的工作本质虽然是对城乡空间的未来发展提出前瞻性预见与合理性干预，但从物质空间建设、经济社会支撑到公共利益协调的递进过程来看，城乡规划的公共政策属性始终是其核心属性。而作为政府公共政策工具的城乡规划，本质上仍然是与政治权力的落实及国土空间的分配有直接的关系。

因此，政治哲学完全可以成为城乡规划本源的逻辑起点。城乡规划并非城乡如何规划，而是什么样的规划是公平正义的。空间利益的社会分配才是城乡规划的政治哲学论证焦点。

政治哲学是一门规范性学科，意思就是说，它试图建立规范（规则或理想的标准）。我们可以对比一下描述性与规范性：描述性研究试图弄清楚事情是怎样的；规范性研究试图发现事情应该是怎样的，什么是正确的、正义的或道德上对的（乔纳森·沃尔夫）。

站在历史的角度看，无论城乡规划的产生环境如何，规范性问题都是合理公平的空间利益权利分配的前提，只是从政治哲学角度来看，规范性总是带有理想性的标准理念，而城乡空间作为人类生存的财富，仍然是自由与平等的前提，规划终究是一个政治工具。

*

城市规划是体现国家意志的管控工具，而当把城市规划行为嵌入到个人与国家的关系中时，城市规划所带来的利益增长分配及成本支出负担之间的协调则显得极为有趣。一个国家的国土空间资源管控是需要城市规划工具的，从国家整体利益来看，城市规划如同法律、税收等一样，是有强制性的，是需要个人有义务去遵守的。但同时城市规划所带来的空间资源配置使得城市规划实施后所带来的公众利益的提升，却又是大众共同享用的公共品。如同乔纳森·沃尔夫所说，无论个人是否同意国家，享受国家带来的利益又不承受有助于产生这些利益的必要负担，看起来是不公平的。因此，已经有人主张，任何从国家那里得到好处的人都应有一种公平义务，如服从其法律，缴纳税金，等等。

城市规划的重要性一定要站在公共品的角度去考虑其供给机制，但城市规划又是保障公共利益的前提，供给机制一定要从经济利益扩展至权益利益的范畴，从公地悲剧到反公地悲剧的资源配置演变中也反映出城市规划所涉及的空间利益追逐到空间经营成本之间的博弈。国土空间资源的科学配置也是城市规划公共品供给侧的重心，这显然是一个更为宏大的国家层级的公共品提供的政治哲学。

*

城市规划的公共政策属性在当今的政府相关工作中越来越明显。虽然城市规划的宗旨是公众利益的配置，但城市规划作为城市空间利益再分配的手段，仍然需要城市规划生产力的推进，城市规划的管理工作的生产力需求要比编制工作重要得多，只是传统城市规划工作更偏好编制工作，从而高效地催生规划成果的生产，而忽视规划成果的实现。

政府既是城市规划工作的需求者，又是生产者，需求与生产向来都是利益操控的双重维度，公共管理与公共服务之间的共存始终会有矛盾。如彼得·德鲁克所说：政府是服务工作者最大的雇主，然而在政府部门就业的服务工作者，生产力是最低的。只要他们还为政府工作，生产力就不可能提高。这是因为，政府部门必定是一个官僚机构，它必须（也应该）整天忙于制定各种规章制度，而把提高生产力抛在一边；它也必须整天忙于繁文缛节、文山会海，而把提高工作效率抛在脑后。

如此回视城市规划工作，快速的规划成果制造与缓慢的规划实施管理形成鲜明的对比，效率与控制的结合是一个理想化的场景，无论如何，城市规划的公共政策属性是一个权能交互维度下的共生性效用生产分配工具。

*

城乡规划对城乡社会的解读视域，一般而言是建立在官僚制与专家统治层面的基础之上的，之所以如此说，是因为城乡社会空间系统是基于社团与社会分层的价值观，官僚制与专家统治始终代表着局部的科学化的知识体系，而城乡社会生活又是由经验关联的有限理性组织构架，从而也在一定程度上反映了人类生活在符号世界中这一意识维度。

城乡规划总是尝试在脱离社会组织与空间结构的假设之上进行城乡空间的再分配，总是立足于关于数量的科学知识入手的城乡社会标准，而此时不同利益群体的价值观开始成为多元价值意义交流的符号集合，空间的固定性并非处于静态范畴，潜在的流动性才是使得价值观成为隐性语言的核心功效。如马修·恩格尔克所说：价值观强调了人作为一种创造意义的动物的重要性。无论是在我们组织生活的方式上，还是在我们衡量生活质量的方式上，价值观都扮演着中心角色。价值观起到了功能性的作用，虽然它从来都不是完全被决定或可预测的，但某些价值观比其他价值观更适合某些形式的社会组织。

反观城乡规划的相关价值观体系，正是由不同利益主体的价值观聚焦于城乡空间这一具体场景中的意识层面的界限化叙述，而个体的人才是栖居在城乡空间的主体，生活是具有灵活性的追寻意义的体验，城乡规划却是纲领性、功能化的时空重组，城乡规划的价值观视域真的能够成为制造与营建高质量生活的理想能力吗？

*

作为公共政策的城市规划，从一开始就带着政治色彩。毕竟城市规划是空间发展权利执行与落实的工具。因此，城市规划工作的开展是需要政治视角的介入。但城市的发展也需要经济的推动，经济力量有时会造成以经济增长为核心的城市规划目标及过程，从而又忽视了城市规划的政治本质。

齐格蒙特·鲍曼说：政治一旦被剥夺了影响和建构未来的权力，往往就会被转换成集体记忆的空间，一种极易被篡改和操控的空间；因为这一原因，给人们提供了一种拥有幸福的无限威力的机会，而这种机会也许已经不可逆转地迷失于现在，也不可能在即将到来的时代中出现。

经济的力量的确会对城市发展产生新的影响。然而，政治权力才是城市规划开展与实施的诉求，城市规划的历史角色需要随着传统的认知偏差进行调整。只是在现代化过程中，生活空间与权力结构会随着现代化而发生变化，在不可逆的现代化进程中，城市规划仍然是一个协调各方利益的政治工具。

*

城乡规划是国家权力的一种表现。城乡规划作为政府公共政策，一直是国家权力的保障和表现形式，只是随着社会的发展，权力的权威树立需要被动的支持拥护，而不是主动的压制强迫，政策当局的应对也是基于主动创造的被动运行。权力在本质上的一个微妙变化，在于现代国家日益依赖商业和经济上的成就，而不是生硬的高压政治。两者的权力在很大程度上取决于其势力范围内社会的经济生产力水平，以至于现代政府必须充当有效的经济管理者。

而在城乡规划领域中，也能反映出如上的态势。城乡规划的效益虽然是寻求公共利益，但或多或少都与经济管理有关。一个合理的城乡规划也一定是经济效益所支持或反映的公共利益最大化的实现，只是这种经济效益是通过城乡建成环境的形成来反映或驱动。复合型的城乡规划制度也是各种权益抗争下的制度绩效化执行依附。

*

现代城市规划的理念是理性主义的，而城市生活却是非理性的自然化状态，是充满生气的生活乐趣空间集合，一个有价值的城市规划是可以让不同的城市空间产生不同的价值和效益，并非一味地体现秩序与功能。现代主义城市规划的作用，我们可以公正地说，规划的作用就在于将可能发生的偶然事件、未经认可的群众自然聚集的地方在设计中取消。分散和功能分割意味着人与人之间的会面也需要计划（詹姆斯·C.斯科特）。

虽然人们陆续发现了现代主义城市规划单调乏味的效果（图 4），并尝试通过公众参与来改变，但城市规划的集体组织特性与理性管制结合，仍然不能从本质上改变规划的合理性。如下说法并不过分：在发展至极端的情形下，随着合理性的增加，随着它的中心和控制点由个人转移到大规模的组织，大多数人运用理性的机会将被扼杀，所以将出现不依托理性的合理性。这种合理性与自由格格不入，反而是自由的毁灭者（查尔斯·赖特·米尔斯）。

城市从来都是权力关系的创造物，而对其发展产生部分影响的城市规划，更不会脱离权力成为自然的工具，只是固定化的空间秩序构建很难使生活变得规制化，城市生活终究还是偶然性的变化，而非必然性的计划。

*

城乡规划是政府进行城乡空间利益分配的重要手段，核心目的仍然在于控制。而为了控制的高效运转，整齐划一的均质型手法成为城市规划最流行的操作方式。

如果说古代时期机械化程度低导致城市规划建设出于偶然性团体化行为的强制性支配，则现代社会中的城市规划更多的是通过模式化的标准政策进行区域整体“城市们”的抽象理论的全盘化落实。

大卫·哈维认为，“现代主义”的城市规划者们通过有意设计一种“封闭的形式”想追求“控制”作为一个“总体”的大都市，而后现代主义者们却把都市进程看成是不可控制的和“混乱无序”的，其中，“混乱无序”和“变化”可以在一种完全“开放”的情景中“起作用”。

后现代思潮的出现强调城市个案与区域整体的关系，理想型的整体是消除了差异的同质模式，却又是不现实的，毕竟整体图景之下的人们依旧需要差异的存在。

图 4　城市规划的建成环境

整齐划一是现代主义城市规划最主流的操作方式，从而使单调乏味的建成环境成为地方营造的必然性环境“美学”呈现。

*

城乡规划作为政府进行城乡开发和建设管理行政许可的公共政策，直接影响着城乡空间资源的供给与配置,科层制的理性与高效无疑适用于城乡规划组织运行的形式选择。

城乡空间资源的调配成为城乡规划相关权力的重要话语，科层制下的城乡规划相关工作的开展不但会产生人的异化，也会导致资源的异化。在一个资源有限的世界里，分配不均的资源和人类无法满足的需求带来的不仅仅是需求被最大限度地满足，也导致了分配斗争，随之而来的是权力斗争；因为权力是恒量商品，为了最大限度地满足需求，人类专注于用于权力争夺本身的技术和手段。现实的挑战显而易见，那些希望赢得零和游戏的人被迫不断地对其权力手段进行评估和创新（多米尼克·迈尔，克里斯蒂安·布卢姆）。

城乡空间作为城乡发展的资源，资源分配和城市需求都会聚焦于城乡规划这一承担着城乡空间资源分配任务的权力斗争中，于是，当下层的城乡空间资源上升至上层的国土空间资源时，不同层级的权力精英都会通过不同的方式对其权力手段进行评估和创新，以最大限度地满足需求，城乡规划总是与更广泛的社会权力相关联。

*

城乡治理的社会干预机制，需要从社会控制与权力工具的互构中来认识。在现代社会中，城乡治理的运行过程也需要从传统的管理规则向权力规则转变。权力本身并无善恶之分，而是道德中立的。只有情境才赋予其道德地位。因此，权力的地位取决于具体问题，即何人在何事上对他人具有何种程度的权力（多米尼克·迈尔，克里斯蒂安·布卢姆）。城乡治理从本质上看是城乡社会生活中权力关系的再认识，如同社会控制中的制度化与非制度化控制，二者将诸多权力关系通过多种方式进行了组织，从而决定着社会结构的自在，但同时通过积极与消极控制又决定社会结构的自觉。

权力关系才是整个社会有序维持的内在动力，城乡治理的价值一定要先建立在城乡社会治理的基础之上，而社会控制与权力工具的合理分配与操控嵌合才是实现城乡治理期望的构成性理念。

3. 城乡规划的反思

城市的代谢会伴生着很多环境问题，重新认识了城市灾难、能源消耗、气候、供水、污水、公共卫生、噪声、气味、自然灾害等问题及应对方式，是进行美好城市人居建设的基础，而如何落实可持续性是世代城市发展面临的挑战。

这一系列问题的产生与应对都是与城市的社会群体相关，从团体到个体都是城市中生活的每个人的社会结构再现，与城市管理、城市规划、城市社会－经济、城市文化、城市生活等有关，只是在面对复杂的城市环境问题时，上级层面是利益预判式的决策，而下级层面是利益追逐式的遵循，城市规划的特殊性要求其工作效果是均衡城市各方的利益。在城市问题上，现代城市规划科学将环境从我们身上剥离出去，在官员的办公室、在规划师和建筑师的工作室里加工，将之抽象为某种高于生活的法则，这不正是我们今天面临的诸多问题的直接原因吗（胡大平）？

在处理城市环境问题时，城市规划工作需要从技术性向政策性转变，技术是精密的科学，政策是协调的艺术。我们会发现，道德整合很重要，共同的目标与价值是对生活在一座城市中各类社群行为方式的引导。城市规划同样需要延续与错位的公共政策特性，管理－社会－经济－文化－生活从来不是分开的。

*

城市规划是否有技术性？信息时代中，新技术的出现使得城市规划师面临着更多技术工具的选择，只为规划的合理性与科学性。只是繁多的技术工具，多数情况下是为了更好地提高城市规划对象的多元化认识及规划技术方法的科学性，而不是体现城市规划政策工具的高效合理性。

从本质上看，城市规划仍然是使城市空间使用行为处于可控范围内的管理手段。亨利·列斐伏尔认为都市规划是一种面具与工具，它是一种国家与政治行动的面具、一种利益的工具，即在战略与社会逻辑范围内被掩饰的工具。都市规划并不努力去把空间塑造为某种艺术品，它甚至并不打算像它声称的那样和其技术的帝国主义保持一致。它所创造的空间是政治性的。

当城市规划师从技术工具角度看待城市空间的政治性本质时，技术性的城市规划工作似乎始终肇始于限制性的空间的政治战略工作体系中。无论什么时期，城市规划的技术观念需要转化为政策观念，也许对城市空间的管控，只需要考虑政治利益的效率，而非技术的科学。空间的生产历来就是效率至上，技术也仅仅是为效率服务的手段，而政治利益的效率一定是高于物质空间的技术管理。

*

城市规划能反映规划主导者的目的吗？城市规划是一种语言，规则支配下的能指只是一种表象，变迁的社会发展依旧存在着稳定的所指。对亚里士多德而言，一个城市的规划表达了它的统治形式。“平坦的旷野适合民主的特征”，而高耸的城堡（或卫城）适合君主制或独裁政治，贵族统治则需要“一些各不相同的强有力的场所”。作为空间治理工具的城市规划，终究只能是相对均衡多元力量的辩护，它只是一种语言。

*

城乡规划是一项需要公众参与的工作，但普通百姓更多的是体现着“公众”的角色，并未体现着“参与”的角色。究其原因是因为城乡规划的抽象性表达与表现，表达在于城乡规划的最终成果需要借助于规划图示的方式，表现在于城乡规划的最终结果要借助于物质景观的呈现。

因此，城乡规划既不是直观的，也不是具体的，但却是塑造着未来人居环境形态的前置条件，但不论是表达还是表现，都是极强的视觉信息的传达。真正的公众参与不仅需要规划的图像，还需要规划的声音。我们从城乡规划的编制角度出发，可以尝试从“视觉”向“听觉”转换，有时声音比图像更具普遍性与互动性。

正如尼克・库尔德利所说，声音既是过程又是价值，声音是一个过程，说的是诉说个体生活与境遇的过程，声音是一种价值，指的是在组织生活、分配资源的过程中，将声音视为价值以及选择将声音视为价值的行为。

我们可以将城乡规划分解到不同的认知群体的声音传播价值中，建立不同语境中的参与评价方式，从而将城乡规划转变为更大的社会影响力，而不是小众的专业技术领域。这种转变虽然很难，但声音的视角下仍然可以让不同的人参与评价、参与互动，真正实现公众参与的价值。

*

城市规划在全球治理的背景下，越来越需要重视社会贫困、不平等与民主、社会正义等相关议题，这也是未来存量时代城市发展背景下城市规划转型的重点方向之一。阿纳尼娅・罗伊作为立足城市规划又关注以上话题的学者，对治理的认识有利于我们重新认识城市规划的制度原型。

阿纳尼娅・罗伊认为治理并不是中立的，因此正式与非正式的划分实际上是一种控制手段和策略；国家利用规章制度产生策略空间，由此决定了非正式性是否产生。因此，制度和机构利用“法外”条款来使自己突破，忽略或是改变制度自身的框架。那些所谓非正式的规划实际上来自于对既有规定的非法修订。在她看来，社会组织和政治机构通过去中心化的、私有化的和有策略的方法来管理非正式性，非正式性是“城市化的必然产物”，是“控制城市转型进程的一系列规则”。城市空间的正式性与非正式性特征都是城市空间社会化的综合表现，但传统的城市规划是典型的权力技能或工具，往往只偏重正式的监视和管理空间。但在治理时代，城市规划还需要纳入同情心与正义感，社会稳定的媒介不能脱离社会空间而存在。社会空间不仅依赖于可见的正式性，也依赖于隐形的非正式性，城市规划革命要建立在真实的治理体系中来维护空间利益平衡，而非只是一个权力知识。

*

城市规划的重点在于规划，因为规划是一个行为，这个行为的对象是城市，这个行为的目的是建立城市社会的秩序性和稳定性。因此城市研究不等于城市规划研究，城市研究几乎涉及城市社会的一切领域，更需要借助于其他学科的理论支撑，城市规划研究仅仅为城市研究的一部分。

不管是作为个体的建成城区还是作为区域的构成节点，城市研究多少总与其他学科有关，如经济学、社会学、地理学……毕竟城市及区域总是位于地表之上的人类成果。城市研究很复杂，研究者为了得出理想的结论，甚至拼凑或者掩藏实测数据，达到研究中的“自我实现”，这最终导致技术手段越先进，结果却越有悖于事实。在这场学术游戏中，数学成为游戏的语言，数学家驰骋在包括地理学在内的各个学术研究领域（段义孚）。

而城市规划自我构建的动力机制抑或影响机制，更多的是依赖城市却又高于城市社会的公共政策这一本质属性。马丁·海德格尔呼吁“保留”大地、“接纳”天空、“等待”神灵、“开始”生命。面对复杂的城市，城市规划应该理解规划行为的归宿，我们需要把城市研究缩小到城市规划研究，并且需要立足于规划的公共政策诉求，关注生存，回归生活。

*

城市规划是规划城市吗？如果是规划城市，那具体是规划城市的什么？

城市是一个集物理空间与社会关系于一体的社群综合体，社会关系又包含着经济产业、公共管理、社会生活等多个方面。经历了快速城镇化过程，城市规划越来越摒弃物理空间，而更趋于关注社会关系，名曰“转型”。但从物质空间规划转向社会空间规划时会涉及很多社会科学的理论，城市社会关系是极为复杂的，形形色色的人群有不同的心理状态，形成碎片化多样性的城市空间特征。

相比物理世界中简单的因果关系，心理状态的因果关系看起来要复杂得多，这可能是因为我们只能通过类比自己的心理来推断的原因，同时学习如何反映自己的心理状态也需要一定的时间（罗宾·邓巴）。而在具体的城市规划对象转向时，社会关系的空间化要比空间的社会关系化更有理论支撑和实践意义。

城市规划不管如何发展，重视物质空间的传统仍然是其立足之本，只是我们需要从被动的空间社会化向社会空间化延伸，但并非替代。在这个漫长的过程中，了解城市“人”的心理状态极为重要，理解城市环境中的生活状态也极为重要。

城市规划师的心理状态也是一个从技术化个人心理状态向大众化群体心理状态转变的过程。然而，城市规划从来不是城市规划师能完成的。

*

现代主义城市规划趋向于理性化的标准（图 5），而本质上是同质化的文化，因此整齐划一的城市用地模式一定会对差异化的在地文化形成威胁。

艾伦·沃德说：地方与地区文化差异会随着时间的推移而消失。这种观点是经典社会学在对社群（gemeinschaft）与社会（gesellschaft）的重要区分中所固有的，并且被近来关于现代化、大众社会、大众传媒研究、社区衰落等理论所采纳。

也许后现代思潮的出现是一种文化眷恋的延续，毕竟我们当前依然处于现代化的主流之中。

*

单独来解构“城市规划”，很明显是由城市与规划两部分组成。城市的概念很难界定，不同学科有不同的定义，规划的概念也很难界定，只要是涉及不同目的的人类活动，都会涉及规划。因而，城市规划从科学上来看是缺乏理论基础的，如果一定要建构科学体系，就一定要借鉴并借助于城市与规划各自的理论认识，而这几乎涵盖了所有科学知识。因此，实践性成为城市规划的主要特征。正如亨利·列斐伏尔所言：长期以来人们已经把都市规划看作一种社会实践，其本质上是科学的和技术性的。在此情况下，理论反思应当有能力而且有责任把这种实践提升到概念水平，更准确地说，提升到认识论水平。然而出人意料的是，理论反思中并没有这样一种都市规划的认识论。

城市规划是一项管理层与技术层的合作，却又直接塑造城市发展并影响城市居民生活的工作。城市规划是一项高度政治化的活动，其认识论会涉及生活于城市中的不同群体，决策、运作、管理、实施等行为环节肢解在不同的城市建设过程中，也分别建立不同价值追逐的多方角色立场。城市财富的创收是很复杂的形成行为，城市中的广大市民是城市中最庞大的群体，理应是城市规划效果的检验者，但他们仅仅只是评判经由城市规划所形成的城市环境的生活化程度，而城市规划所产生的效益属于谁，效益分配的话语权又是属于谁呢？

*

城乡规划学作为一门学科，备受传统理论科学价值的影响。城乡规划的核心是城乡土地空间的发展安排，对象是城乡土地空间，不同的城乡土地空间是不同的权益人的生活对象，是城乡环境的再利用。然而，人始终是城乡社会生活的主体，城乡规划始终受城乡社会的影响。因此，城乡规划工作过程中往往尝试进行结构主义的主体化剔除，只关注客观化的城市空间规律，这逐渐成为结构主义视角下的城乡规划方式。城乡规划始终关注于客体，从古代都城的建造到现代新城的建设都能体现出来。

米歇尔·维沃尔卡认为，对受结构主义启发的思想大师们而言，社会的运作和演进是受抽象的机构、结构、工具、机制所左右的，承认主体的观念是错误或者天真的：

图 5　理性的规划现象

理性化的标准成为现代主义城市规划的主要价值导向，从而使理性的规划现象扩散至所有人居环境建设中。

人从来不只是外在力量的玩偶。研究的目的是依照索绪尔语言学那样的模式找到规则、体系、条例，而绝非观察和理解行动者。

城乡发展终究脱离不掉社会的运作，规划不能悬置于社会，社会碎片化下的城乡空间也是碎裂化的趋势，同时，主体的多元分化也是对结构化客体的颠覆。

城乡规划发展至今，开始出现空间治理的字眼，这是一个新的阶段。虽然解构主义可能让人们的观念有了新的转变，但是我们仍然需要重新回归主体的范畴，毕竟结构化的社会有时不能被解构。主体比客体更复杂，主体是意义的结构，而不是物质的结构，城乡规划一定是人的规划。

*

不同的人对一座城市的认识，往往是立足于不同的角度，而不同的角度又取决于不同的主体。城市规划历来就是一项关注客体的工作，规划人员偏好于城市物质空间，并始终尝试将城市规划工作放置于自然科学与技术工程学科的范畴中，标准化、理性化地看待城市及其构成。

但是城市中生活着庞大的人群，而城市规划所涉及的角色也同样是不同立场和不同属性的人群。在城市规划工作过程中，客体与主体的关系是极为密切的，需要将其放置于社会科学范畴中来思考，因为主客体都是具有社会性的。

我们需要重新认识城市规划主客体的相互渗透性。长期以来，社会科学思考社会的或群体的构成条件，但很少关注个人主体的构成条件，除了阐明它直接源自于社会关联整体、体制或社会化的进程。如果主体是非社会性的，这是否意味着它存在和成立在所有社会关系或者人际关系之先？主体似乎是每一个人所带有的潜在属性，只有在某些条件得以满足时，才能转化为具体行为和行动（米歇尔·维沃尔卡）。

不管是城市规划师还是城市居民群体，都是个人主体，都是社会性的城市生活创造者与参与者。群体社会的存在需要注入人文社会关怀，而群体社会中的城市是主客体社会关系的交汇地，也需要社会化的思索。

*

从城市社会学角度理解城市规划的重要性，可以借鉴路易斯·沃思的城市主义理论框架，城市主义即城市的生活模式，也就是城市生活与乡村生活不同的特有方式。城市主义认为，城市中的人际关系是间接接触的表面关系，是异质性人群社会结构。相反，农村中的人际关系是直接接触的亲密关系，是同质性人群的社会结构。城市主义会带来孤独、紧张、焦虑等城市社会失范的无秩序景象，如何去解决这些问题呢？此时，城市规划的重要性就体现出来了。芝加哥学派的城市研究色彩就是城市空间与城市阶层的清晰性解构关系，使得城市景观与城市生活形成简单的图解化表达。通过城市规划创造城市空间类型，进而解决城市发展过程中的社会问题，本质上仍然是空间分析的对峙控制思路。

社会失范一方面要依赖于生存空间营建的真理诉求，另一方面也离不开社会空间创造的正义诉求。城市规划的社会意义应该是基于人文立场的科学引导，在此过程中既要有空间如何可能的内容，还要有空间应该可能的内容。

*

人类的思想与行动总是很难把握，因此，即便是公共管理政策仍然有不同的立场。城市规划从诞生之初就带有强烈的政治色彩，作为影响多数人利益的政策工具，城市规划虽然在方法上总是提倡客观性，但偏见仍然是不可避免的。因此，社会学的视角可以尝试脱离政治领域的城市规划批判。

社会学的干预为社会科学证明了在政治领域扮演学术自身的重要角色这条道路是走得通的，并且不会干扰学者的科学宗旨。它展示了纯粹科学的问题和参与的关键问题，二者的结合如何成为可能，以及社会科学对知识的恰当性和正确性展示的要求，是不必与学者最终参与城市生活的信念分开的（米歇尔·维沃尔卡）。

城市规划是一门社会学视角下的城市社会观察修正，怀疑态度需要存在，现实与理想之间的路径只是一种可能性。城市规划既是政治化的也是社会化的，城市规划的工作不仅需要创造性，也需要多样化；不仅需要标准化，也需要客观性。

*

城市规划中越来越关注城市文化规划的内容，虽然城市规划的重点是城市空间场所的规划，但为了体现和融入城市文化，城市规划师总是想方设法将城市空间场所与城市文化进行联系的搭建。

场所是体验和意义的象征性与情感领域相结合的产物，城市规划若要与城市文化规划有机结合，一定是要理解人文意义的城市场所，而不是凌驾于物理意义的城市空间。

虽然文化规划的理想场所和空间越来越多地被视为宽容与理解的跨文化场所，但因为文化空间中网络状的触媒体系而非面域状的均质实体，因此，文化规划不仅被理解为“创造性场所建造”而且被认为是“成功性”场所建造必需的过程和联系。

可见，场所建造是文化规划关注的核心，意指利用一系列技术与介入措施参与和构建（重建）场所，以便在某种意义上达到与居民的历史、生活及共同体验产生共鸣这一目标。

交流、体验、情感等行为表达都附带着“场所感”的内涵，而活力始终是文化规划影响城市规划的关键，文化规划融入城市规划才能实现城市社会融入感与城市居民地方感的策略效应，城市日常生活的文化多元性始终存在，毕竟城市文化是以城市所有群体的全部生活方式为基础的。

*

城乡规划知识是个庞杂的体系，如果没有系统化层级式的构建，很难形成专业化知识系统。但如今在教与学的专业传承过程中，这种专业知识体系的构建力度很弱，方式很杂，专业人士都借助于碎片化的知识来快速地补充缺失的内容。但一个依赖经验、依托政策又需要更新知识的专业是需要时间性的知识积累。

信息唾手可得，而获取深刻的知识却是一个平缓而漫长的过程，它展现出一种全然不同的时间性。知识是慢慢生长成熟的，时至今日，这种慢慢成熟的时间性已经渐渐被我们所遗失，它与当代的时间策略格格不入。人们为了提高效率和生产率而将时间碎片化，并打破时间上稳定的结构（韩炳哲）。

如今，城乡规划工作的时效性与实效性是脱节的。从学习到实践的过程中，相关工作者都成为城乡规划知识参与生成和反馈修复的要素。如果效率和生产率成为衡量城市规划工作效果的标准，那么城乡规划不会成为一门有厚重历史的学科，也终究是一项缺乏公信力并携带争执不断的社会偏见来预见未来的一个工具。

*

社会的进步会形成越来越多、越来越细的专业分工，我们把世界分割成一个个越来越小的领域，每个领域都存在大量信息（埃里克·韦纳），但信息化时代人们接收信息的能力却越来越弱。

城市规划专业却似乎是相反的发展方向，至少从专业课程及工作内容上看，的确是朝庞杂而宽泛的趋势发展。从专业核心领域涉及专业相关领域，如同面对国土空间规划时的措手不及，我们依然是极力地扩大专业相关领域以达到能对接未来工作的目的。可是我们需要认识到，历史时期的宽泛混杂的学科体系仍然是受求知信念的支撑形成重新认识世界和重新改变世界的工作，而现代社会专业知识和专业人才的数量都在增长，唯独创造性突破寥寥无几。

我们需要重新认识到城市规划工作及其途径是要让城市变简单，而不是变复杂。面对一座城市时，城市规划的价值导向也是需要有创造性突破而非仅仅模式化地复制与借鉴，有时城市规划工作的核心是精减而不是扩增。

*

城市规划编制办法中提出：编制城市规划，应当坚持政府组织、专家领衔、部门合作、公众参与、科学决策的原则。这些原则总是与社会发展程度有关，社会的现代化程度越高，能动者（主体）所获得的对其生存的社会状况的反思能力便越大，因此改变社会状况的能力也越大（乌尔里希·贝克）。城市规划在现代化社会中便是人为改变社会状况之物质环境的手段。贝克说，管理者和专家总是懂得最多。专家知识的垄断必须破除。较之在封闭的专家圈内做出决策，“相关的社会标准”应该更为重要，事实上情况也正在如此转化。而社会标准有时会被夸大的文化理论所隐藏，因为文化理论用于解放日常生活问题和政治问题时往往毫无用处（斯科特·拉什）。社会秩序的建立与日常生活的转变在城市规划领域会被重新塑造吗？

*

城乡规划工作一直是实地踏勘—规划编制—交流修改—实施管理的工作流程。工业时代中，城乡规划服务于工业生产体系，规划师借助传统的工具来辅助完成，如画图板、尺、笔、橡皮、纸等。但伴随着信息化时代的来临，城乡规划工作开始高度依赖于数码设备，如相机、计算机、录音笔、打印机、投影仪等工具，在每个环节都会派上用场。

由于城乡规划的对象涉及集体理性的空间实践，而城乡体系的全时运转也会影响不同城市生活群体的“未来”。因此，城乡规划历来备受关注，而数码设备的便捷性也助推规划师的工作呈现出全时段的特征，每个环节几乎都借助于数码设备，从而形成了规划师的工作场所看似脱离了传统稳定的工作场所，但实质上却通过信息系统各方彼此成为新的全时工作生产流程中的相互联结关系。

正如韩炳哲所说，现在，虽然我们摆脱了工业时代奴役我们、剥削我们的机器，但是数码设备带来了一种新的强制，一种新的奴隶制。基于可移动性，它把每一个地点都变成一个工位，把每一段时间都变成工作时间。从这个意义上来讲，它的剥削甚至更为高效。可移动性的自由变成了一种可怕的强制，我们不得不时刻工作。

从此，批量化短期式的成果产出在信息时代又变成了过度浪费与极度耗时的低效益的反复过程，每个环节的重复性工作试图精密地解决“集体”问题，但总是受“标准”的变化而形成滞后性的脱节，生产方与需求方也都被设定为全时“待命”的工作状态，工作偏离顺势成为生计所需的虚假借口。

*

城市规划工作的方法一直在借鉴其他学科，如城市自然环境、城市经济社会等有关的知识领域的方法。而随着学科的不断发展，城市规划的科学性也越来越成为大众所关注的焦点。

伊夫·金格拉斯说：科学试图通过自然的原因而不是超自然原因来解释自然现象和社会现象，使世界不再神秘。正如我们所看到的，自然主义立场逐渐成为各个知识领域的必需。科学以方法论自然主义为基础，而方法论自然主义这个假设当然是无法论证的，它实际上是对未来的一个赌注，赌的是科学最终能够实现它所要达到的结果。

城市规划的科学性也是借助方法论自然主义来进行城市发展的未来预见。从远古时期的都城营建到现代时期的新城规划，都是在特定环境中的城市规划选择设定，但显然具体的工作并不简单，其几乎会包含与城市发展有关的所有自然现象和社会现象，即使自然主义立场是解释城市发展的基础，但城市规划的蓝图实现仍然是靠时间来验证最初的规划科学性问题。科学性的实验的确很难在城市规划领域开展，毕竟城市规划是以其理论知识来指导实践，而城市规划实践除了自然主义立场外，还有随时变动的集体意识、社会价值及道德评判。

借助于方法论自然主义来解释城市规划现象与解决城市规划问题显然是不同的维度范畴，而科学的方法论对于城市规划而言是必需的途径，但不是唯一的途径。

4. 城乡规划的进程

数字媒介时代，城乡规划的工作方式脱离传统出现很大变化。从规划思路、策略、理念的转变到规划分析、成果的表达都出现信息数字化趋势。

由于网络信息获取便利，在城乡规划内容上快速的模仿、参照、套用成为大部分规划工作开展的首选方法。通过借鉴网络媒体中的已有成果，结合规划对象的特征，很多规划的最终成果仿佛一夜之间出现类似的统一风格，这得益于数字媒介的红利。确实，数字媒介的介入使规划工作变得越来越容易和廉价，如今网络社会的信息沟通不会有任何地理或者价格上的阻碍，而信息媒介又满足了大众的精确需求和渴望，这些都是数字媒介变得让人非常容易上瘾的原因（玛丽·K.斯温格尔）。

同样，城乡规划编制工作也被卷入到数字媒介的浪潮中，规划师们在工作过程中都或多或少地染上了网络依赖上瘾的病毒。从案例借鉴到规划理念、从规划结构到规划形式都出现了严重的网络依赖症，如查找已有的类似对象、相似层次的城乡规划成果，把已有内容与已知条件进行检索匹配并快速复制，成为重要的工作内容之一。

新的机械复制时代已经来临，但这次不再是艺术领域，而是影响城乡社会的城乡规划领域。没有多少规划师能安静地思索一座城市的未来，也没有多少规划师真诚地谋划一座城市的蓝图。城乡规划工作的偏离与惰性使得规划编制、实施、管理都高度依赖数字媒介，最终呈现出规划工作的实施极为"微弱"，而规划工作的编制极为"简单"的行业状态。

*

城乡规划体系的变革一定是与城市发展环境的转变相关。但当一个新的工作要取代一个老的学科时，似乎还是有很多需要深入探讨的空间，而不应该一蹴而就。

正如理查德·亨利托尼所说，一种社会哲学如果要产生效力，必须像它要控制的力量一样具有灵活性和现实性。在遇到汹涌的经济利益攻击时，采取一种可归纳为诉诸传统道德和把过去理想化的态度，其弱点是显而易见的。

城乡空间的发展是具有灵活性和现实性的，差异化的环境与发展条件都是独一无二的现实，城乡空间从来都具有复杂变化性特征。当然，城乡空间所承载的经济利益冲突也是极为明显的，从直接的城乡规划对象到间接的城乡规划管理都会被渗透。

如若一味以上层政策为工作开展的动力，并将政策道德强制性传导至工作进展中，工作的前景并不明朗，毕竟城乡空间是国土空间的硬核，城乡空间是动态空间的形态，是需要理想的调整机理，而非看似动态的利益化静态规制。以工作为目的试图构建一个新的学科，显然是无法产生效力的，空间更替总是与时间隔断互构，何况国土空间是物质环境、制度政策与意识形态的统一体。

*

随着城市化的进程，现代城市规划越来越受到政府的重视，成为政府重要的制度化授权的公共政策工具，体现着政府记录、监测、管控城市发展的重要价值。城市规划的公共政策属性在业界已成为共识，作为公共政策的城市规划成为政府代表国家直接管理土地等空间资源的监管引导手段，因此规划师这一职业成为城市规划行业成员的重要组成部分。如菲利普·奥曼丁格所说，政府需要规划师来执行他们的政策，规划师及其整个行业都依靠政府这个雇主，并且还依靠政府来为他们职业的合法性（以及相关的社会地位和社会利益）正名，这种关系对私有部门的规划师来说也存在。当这些咨询机构的规划师抱怨各种规章约束和政府官僚气的时候，他们也充分认识到这个过程能确保他们可以向客户兜售他们的时间和专业知识。

无论如何，规划师的职业价值与社会特性仍然从属于政府的支配性与可控性，规划行为被纳入到权力关系的游戏网络中。然而，除了实现政府的统治目标外，规划师面临的对象还会涉及大量的社会民众生活质量。

规划师在国家—社会关系的互动过程中，理应处于连接与调节的平衡位置，但规划实践作为一个高度官僚化的职能，处于政府的有形之手中的城市规划并非自由地被应用，公共利益的公正性始终是有限的。

*

现代化不仅与工业化有关，还与城市规划有关，毕竟城市规划往往作为塑造城市物质环境手段，但其又与本地社会文化有关。因此，城市规划思想也是互通借鉴并进行实践的。现代化既需要现代主义城市规划体现其功能构成，也需要现代主义城市规划来反映其理性构建。现代化在波及全球时，又与本地化发生抗争性调适，刻意的直接模仿或偶然的交互变异等二元化推行路径形成新的文化“失调”。

如同肖恩·埃文所说，虽然现代化是一个源自西方的城市规划概念，但毋庸置疑的是，当被输出到世界其他地方并调整以适应非西方城市的已有文化时，它既会产生模仿，也可能缔造出新的形式。

文化力量的约束并非定型的概念化扩张，强化与弱化都是现代化的保护与依附，抗拒瓦解或参与回应均是文化传统的自洽，文化交融地带才是城市规划的主流空间对象。而在一定程度上，现代化也是城市规划观念的归宿，就如现代城市规划的发源一样并非单纯的遗产思想。

*

随着世界城镇化率临界值的依次临近，城乡规划对城市空间的认识必然也从自然－社会－人文的递进视角逐步转向，城市空间是复杂多样的物质－社会系统，同时又处于不断发展和变化中。从城市物质空间视角转向城市社会空间视角，对城市空间的分析才能实现人民城市的理念。生活在城市中的每个人只有产生归属感和认同感才会形成安全感和幸福感。而在这个城市时代，人们构筑其生活意义的重要中介则是身份，身份是一个既普遍又独特的概念，城乡规划也需要对身份这一文化符号的生产及再生产进行反思。马修·恩格尔克说，身份和种族一样，既是一种彻底的幻象，也是一种坚固的现实。身份就像种族一样，我们既把它当作自然的，又当作人造的。我们假设它存在于人的内心深处，但我们也承认它是一种表演，有时是字面意义上的，有时则更多的是在探索日常生活和社会期望这个意义上。身份可以对自然－社会－人文进行系统化整合，身份可以实现社会关系层面上的空间再现，使用者与创造者在城市空间的生产与再生产过程中既是分裂的又是拼合的，城乡规划的智慧有时需要质疑常识有时也需要质疑概念，身份才是空间的替代性解释。

*

复杂性的事物往往很难通过标准化的简单规制来把控，如同规划工作所面临的现象都是复杂的，但规划工作的方法与目标始终是简单的。规划工作一直以来都试图将空间（程序）形式与社会秩序进行统摄，但表面的薄弱（标准、指标）始终是无法体现出内容的厚重（共生、情感），就像社会生活的复杂化想象一样，在充满差异的社会生活中很难涵盖没有矛盾的特征。

我们强调过，规划的城市、规划的村庄和规划的语言（更不用提指令性经济）是很薄弱的城市、村庄和语言。说它们很薄弱是因为它们只能对非常简单的几个项目因素进行合理规划，而无穷无尽的复杂活动才是“厚重”的城市和村庄的特征（詹姆斯·C.

斯科特）。复杂性的事物一定是通过妥协来进行构想与引导，而非通过管控来进行认识与安排。

*

现代主义城市规划所奉行的功能分区，仅仅是一种现代理性化城市景象的外在表现。机械式功能分区离不开几何式的风貌景观划分，而几何式的思想缘由到底是什么呢？

几何式的偏爱利于管理、便于控制，而这往往是从管理者角度来看，对几何式的热衷与喜好一定也受施动者的审美情绪的影响。作为秩序化的道德坐标，有序性是审美思想的哲学起源。

如詹姆士・斯科特所说，不管几何式的城市景观在政治和管理上是如何方便，启蒙主义在此之外还培养了对直线和可视秩序的审美热情。笛卡儿清楚地表达了这种偏爱："那些曾经只是分散的村庄，后来演变成大都市的古代城市往往在城市规划上是非常粗糙的，远不能与按照工程师的设想在广阔平地上建立起来的有序城市相比。"

由启蒙主义所带来的新思想观念的建立，成为集体意识的普遍标准，从而又推演出政治哲学的物化象征，而城市无疑是公共生活的安全容器及主流场所。现代城市规划的哲学观才是现代城市规划思潮表层功能景观诞生的核心信条，而哲学观的本质还是人的本质。

*

城市规划是一项反映时间与空间关系的工作，只是人们对其理解往往都只着眼于空间而忽视了时间。人们对城市规划的认识依然处于时间—空间关系的表象层面，从时间与空间的关系视角来认识城市规划可以深刻地透视城市公共情感的共同尺度。

如保罗・利科所说，正是在城市规划的尺度上我们才能更好地看到时间是如何在空间运作的。一座城市在同一个空间中会遭遇不同的时代，我们可以在这座城市中看到一段沉淀在趣味和文化形态中的历史，这既是一座可以被观看的城市，也是一座可以被阅读的城市。叙述时间和居住空间在城市中的关系比在孤立的建筑物中的关系更为紧密。同样，与一栋房屋相比，一座城市所能引发的情感也更为复杂，因为城市既提供了迁移的空间，也提供了彼此靠近和远离的空间。我们可能在城市中感到迷失、无家可归和失落，但与此同时，人们也会在城市的公共空间和那些有名的场所中举办纪念活动和仪式化的集会。

城市规划可以将空洞的空间与无意义的时间进行记录与监测，在此基础上进行价值捆绑与共享标准的建立，通过对时间与空间的观察与绘制，形成城市空间与时间设计的制作术，进而形成雄伟计划。城市规划是对城市社会的历史、欲望、遗忘等进行的监督与干预。

社会理想也是城市规划进行城市公共生活的职能归宿，本质上看，城市规划是时间—空间关系的指使或规避之术。

＊

城市规划除了关注空间还依赖时间，只是空间易于理解和表达，而时间难以把控与表现，但是任何空间的持存又有时间的功用与依附。因此城市规划视角中的城市解读与理解，需要社会、空间、行为的时间结构化构建来辅助。戈兰·瑟伯恩说，无论城市规划专家的洞察力多么敏锐，仅凭现有的城市景观都无法完全把握城市表达的意义。大多数城市都是古老的，这就意味着它们的空间布局是在不同的时间形成的，城市表达的意义也因时间的不同而不同。在大多数特定的时间点上，我们必须以历时的方式来解读城市。

城市的意义往往要借助城市的空间与时间的组合，也即在城市的空间语言中增加时间述说，城市成为人生百态的见证，需要空间场所的景观记忆，也需要时间线索的景象记忆。城市规划不仅可以通过空间隐喻来营造场所，也可以利用时间暗示来呈现意义，瞬时的空间与时间和逝去的空间与时间既有同时性也有错时性，在社会空间化的时代中，我们需要寻找记忆架构行为赋予城市时间循环的感受价值。

＊

空间的生产理论对透视现代城市规划的本质与现象均有很强的解释力。如亨利·列斐伏尔所说，在大多数现代都市规划中，使用的都是高度完善的技术设施，一切都是生产出来的，空气、光、水，甚至土地本身。一切都是人为的和“精密的”，自然已经完全消失，只留下一些符号和象征；甚至在这些符号中，自然也仅仅是“再生产”出来的。城市空间与自然空间分离了，但是它在生产能力的基础上再造了自己的空间。

回顾城市规划的发展历史，在城市规划的历史演变中，空间中的物成为城市规划最初的关注对象，而当各类物质从自然化转向人工化时，空间本身成为城市规划的焦点与新生物，由于城市规划的介入，城市空间也从生物意义向社会意义转变。空间从生产到再生产的过程中，城市规划也融合了空间实践、空间表象与表征性空间的综合特征。空间规划其实一直都存在。

＊

国土空间规划体系的建立，将国土空间置于规划的范畴，地理空间是国土空间的基础，也是社会经济发展的基础，因而需要把空间放置于社会理论范畴中，认识其作为社会建构因素的重要价值。

面临新的社会结构变迁，我们需要从社会学角度分解国土空间，从而进行空间的社会管理。

空间的社会管理乃是所有社会的显著特征，事实上，所有群体都拥有一个区别于其他群体的运作场所。因此，国土空间规划一定是需要空间场所的支撑。

从一定意义上讲，“场所”是个比“地点”更加可取的术语。因为前者意味着作为互动场景的空间，后者则经常在社会地理学中得到应用。场景不仅是互动发生的空间参数或者物理环境，而且是互动的构成性元素（安东尼·吉登斯）。

空间从来都是复杂的。

*

空间是一个既平常又抽象的概念，是很多领域所关注的主要对象，城市规划的重点始终无疑也是城市空间。然而城市规划领域对空间的认识在科学理念的强势影响下，逐渐呈现出空间的地理化趋势，也即作为人类生存环境的城市空间本应是有限的、有特色、有情感的空间，却在真正的城市规划视角中开始变成无限的、均质的、相对的空间，特别是在现代城市规划思潮中，空间的表达已经脱离了空间存在的环境，成为一种脱域化的简单符号（图 6）。

如爱德华·雷尔夫所说，现代城市规划里的空间基本上都是二维的，都只是设计图与地图里的一种认知空间而已。该现象比较明显地体现在广为使用的栅格与曲线道路的设计当中，也体现在精心划分的土地利用功能的类型之中，同时还体现在随意布局的交通网络里。空间被理解为一种空洞的、缺乏差异性的能被人们操纵的客观事物。空间的地理化在一定程度上剥夺了经验的空间，于是我们能够理解，城市生活的机械与单调需要通过自反性经验来重新理解空间，然而城市规划的空间认知又不可避免地带有拟象性特征，公共人的衰落会在现代城市空间中出现吗？

*

城乡规划的传统关注对象历来就是物质空间，虽然后现代思潮提倡个体性的生活变革，但肉体生命是每个人的存在基础，物质空间始终还是生命保障的重要环境，只是在此基础上才会延伸出身体在社会层面的意义与道德层面的价值，身体的物质性与观念性有时很难界定。如马修·恩格尔克所说，身体本身以及构成它的东西是我们具象化想象的核心资源。无论看向哪里，我们都会发现人们利用他们的身体作为隐喻和转喻的模板，借此巩固、扩展和探索他们对自己、对彼此之间的关系，以及对周围世界和头顶天空的了解。因此，我们才会体会到城乡规划转型视野中的物质空间的社会化，城乡规划除了物质空间的具象实践，也需要理念力量的表意实践，然而，物质性环境设施与构想性生活表征之间总是有不一致的分裂，空间的再生产不能脱离社会的

图 6　场所的空间化营建

空间的表达可以脱离空间存在的环境，而场所的空间化营建又成为场所脱域化的人为认知。

再生产，空间组织与社会关系一定程度上也离不开人类身体概念的定义，城乡规划的空间理解的确需要建立在主体间时空行为的社会关系网络中。

*

城乡规划由于带有强烈的未来导向的行业特性，理想主义思潮无疑在一定程度上导致个人主义与公共空间的完美结合，城乡规划的对象是公共领域的创造与私人领域的引导并存的理想主义表达。然而，现代城乡规划又是对接集中化组织与标准化划定的行动手段，标准与规范成为城乡规划开展的思维保障，因此对城乡规划的效果也开始越来越重视。而当以实效为目标的蓝图理想实现效果时，理想主义的宏大实现又离不开保守主义的鲜活影响，毕竟保守主义更加依赖经验，更加趋向集体消费的实效呈现，保守主义关于社会应该被视为一个有机整体的信条，意味着各种制度和价值观是基于自然的需要而产生的，因而应当得到保存以维护脆弱的“社会结构”。保守主义将权威视为是社会凝聚的基础，认为权威不仅使人们明白自己是谁和被指望去做什么，还反映了所有社会制度的等级性质。保守主义看重财产权，因为财产权使人们获得安全并从政府那里获得一定程度的独立，同时还能鼓励人们尊重法律和他人的财产（安德鲁·海伍德）。

城乡规划的社会价值不仅是标准化、规范化的理想描绘，也不仅是实效化、功用化的现实行动，社会指称下的空间共识才是秩序与冲突的共鸣式集合，理想与现实的有效组织会是未来期望实现的思考方式，规划始终是一项社会建构的纷争产物。

*

一直以来，城市规划都是产生争议的沃土，一边是满怀梦想的社会理想主义者，另一边是理智的现实主义者和踏实的实用主义者，后者相信当开始建设一座新城（或是改造一座老城）时，首先应该考虑的是成本和实施的便利性（约翰·里德），毕竟城市规划总是一个政策工具，会涉及经济－政治－社会联合体。规划师应该不仅要将自己视为政治和机构力量的代言人，而且也是改革社会行动的一部分（彼得·马库塞）。

如果单纯从城市规划的技术手段看，城市规划确立了城市的边界，大体规定了城市各类建筑设施的位置与功能属性，并在城市区域内对私人建筑与公共建筑进行了有序的布置。虽然有这些规划与布置，但是人性的自然发展趋势却赋予这些划定的区域与建筑一种特性，使其发展并不能轻易地被操控（罗伯特·E. 帕克）。可见，个体构成共同体，共同体又影响个体，城市规划需要关注社会生活的共同现象，个体生活与社会行为总是洞察人类社会的两个视角，它只表明，抽象的几何形体想体现社会生活的具体内容，而不是由社会组织制度和社区来规定城镇的规划模式，并依据生活的实际需要将城市布局予以调整（刘易斯·芒福德）。

因此，从城市的物质环境视角来看，在未来，真正的城市不仅拥有最高的塔或最炫目的天际线，还要由聚集到这个城市的、多元的、有智慧且善于处世的群体来进行领导（丹尼尔·布鲁克）。空间结构与社会结构犹如构建与创造一个生命，社会动力的力量是无穷的，“死城”也许可以告诉我们更多关于城市自然的动力学。但是哪一个法医曾经仔细检查过这样一个巨大城市的尸体呢？又有谁用显微镜去观察过这些大都市的废墟呢（迈克·戴维斯）？日常生活一定是碎片化的，而城市呢？

*

对于城市规划工作从业者，边界是一个重要的概念。任何一个空间都需要边界来划分界定范围，而边界也是随着人类社会发展的历程，从城邦国家到领土国家的演变而出现的。

边界的表现越到现代社会越趋于明晰，从一个国家到一个政区，从一个城市到一个社区。山川形便与犬牙交错的边界原则，是权力控制的宗旨，同时也是物权保障的依据。

把空间边界放置于城市内部，其涉及的利益更多元、更复杂，特别是现代物权保障体系建立完善后，城市规划拟确定城市路网、城市用地、项目选址、社区建设等内容时，是否还会有山川形便与犬牙交错的空间边界原则？

*

人类知识有种类繁多的科学，包括广义与狭义两个层级。

一直以来，城市规划学科的属性演变备受争论，而诞生于工业革命时期响应城市公共卫生事件的现代主义城市规划，更是夹杂着人类构建聚居乌托邦的情怀。

曾经在一段时期，理想城市理念广为盛行，其发展的渊源是借鉴传统科学所追求的一种虚幻的规整，将城市视为一种尺度与秩序相似的物理对象。但由于作为人们生活的城市是一处人文空间场所，因此，后期城市规划工作方式开始逐渐修正并转向经验秩序的构建。

这种方式又依托于图示语言，作为经验对象的科学，城市规划的知识需要城市规划行为表象对城市规划符号进行表象化整理，秩序仍然是其宗旨。

米歇尔·福柯提出人文科学领域的构成性模式是功能与规范、冲突与规则、意义与系统的逻辑对应。

如果一定要对“规划”与“城市”之间和环节进行知识考古学追寻，那么城市规划也应该是一种知识实践经验，而一定不能成为科学的对象，那么城市规划科学是否存在？

*

城市漫游者在当今城市中几乎很少存在了，即使有也只是有目的的生活行为而非漫游。

走路行为之于城市体系，就如陈述行为之于语言或者被陈述之物（米歇尔·德·塞托）。城市的活力本质上应是生活在城市中的人的行为的多样化。《日常生活实践：1.实践的艺术》中提出步行者的陈述展现有现时性、间断性、阶段性，也即对步行者行为进行空间限制的城市规划，对城市空间用途使用方式确定的城市规划，对城市空间场所环境动态更替的城市规划。

城市规划需要迎合摆脱图形（纸）的步行者陈述行为，毕竟，城市规划的图形意识一直存在于实际工作中，但这种图形及其语言模式依然是脱离日常生活步行者感知的语言。

*

城乡规划的学科价值是很难用单一的标准来评判争议之下的思考，也很难有一个单一的结论。城乡规划学的目的和对象同样综合了地理环境、经济效益与社会价值。因此,学科内容总是与科学、技术、伦理学或多或少有相关性,且很多学科都会涉及科学、技术和伦理学的内容。

里昂·瓦尔拉斯提出，为了认清经济学的目的和对象，首先需要区别科学、技术和伦理学，它们各自的标准是真、效用（指的是物质福利）和善（指的是公道）。科学的职能是对自然现象和人类现象进行观察和解释，但并不对人类的行为进行指导。指导人类的行为是技术和伦理学的职能。而人类行为有一个基本的区分：一类涉及人与自然的关系，另一类涉及人与人之间的关系。技术对第一类行为进行指导，而伦理学对第二类行为进行指导。

如果说经济学始终是城乡社会运转的社会互动基础，那么城乡规划学则是城乡环境发展到一定程度后城乡社会运转的环境优化工具。顺应环境、改变环境、优化环境是需要科学、技术及伦理学的共同支撑，企图通过一个学科来解决这类综合问题是很难的。揭示社会规律、改造优化世界、认识道德准则总是相互影响，此过程几乎会影响到人类栖息地以及人类自身。

*

关于城乡规划的专业性，空间性始终是最主要的。然而物理空间的背后一定有多元化的社会性，由于社会性的存在，城乡规划所面对的物理空间必然会出现空间的生产现象，这一现象也源自于文化性的实践。共享与排他并存的交互对话才是城乡规划扮演的角色，如比希瓦普利亚·桑亚尔等所说，对一个致力于将物理空间转化为居住地的专业来说，宜居性长期以来的主要关注点包括：城市密度，不同土地使用安排之间的界线划定，以及建筑环境和自然系统之间的复杂关系。这些问题在一定程度上捕提到了都市区域划分的概念，这一概念自城市化早期以来就推动了规划对话。然而，都市区域划分不仅仅是一个工具，也是源于规制实施的反应性实践，它作为一种实践，还反映了空间谱系和社会分割更深的价值，更重要的是要探索那些既引起了区域划分等工具的出现，又促进了前沿性规划措施兴起的观点和理念。

城市化从实践到理念不断强调着话语、制度、价值的重建，在自反性现代化的世界里，实践与理念之间出现非契约化的维系。区域划分无疑成为城乡规划的主流手法之一，从社会学角度看，区域划分试图成为社会分层成立的中介，试图通过区域划分达到社会的清晰性，从空间本身的生产到空间的生产，成为社会工程出现的新的可能。

总之，社会的清晰性提供了大规模开展社会工程的可行性，而极端现代主义的意识形态提供了愿望，独裁的国家则有实现这一愿望的决定权和行动能力，而软弱的公民社会则提供了等级社会作为其实现的基础（詹姆斯·C. 斯科特）。社会运行需要空间的公平化、对话式的重构，然而在空间不平等的社会学视野中始终视城乡规划为空间的政治经济学的一个分支。

*

规划理论的价值在于为规划学科建立一个解释和指导框架，规划知识的创造也一直在为此而努力。而规划从其自身的语义学上看，本身具有名词与动词的二元性特征，因此，规划始终是目标呈现与行动呈现的互融化体现，也即规划既是一个目标也是一个过程。规划理论有一定的模糊性，就是这一原因所致。

马尔科姆·格兰特指出了规划及其理论具有折中的特性，规划本身并没有发展成为一门知识学科。它没有原始的学科基础，没有自己的第一原理，而是借鉴了某些基础学科，包括法律、建筑、设计、地理学、社会学和经济学。这些基础学科之间的平衡关系一直在变化，因此，规划的知识基础具有非常强的可塑性和动态性，这是规划具有丰富性的重要原因。这就意味着，在规划到底拥有什么以及它应该发展什么这两个问题上，其内在的确定性和其他专业相比要小得多。规划的知识体系一直带有社会科学的特点，而方法则成为规划理论构建的重点，规划对象的复杂性一定需要很多基础学科的方法体系。如查尔斯·赖特·米尔斯所说，方法是人们用来理解或解释事物时所运用的程序。方法论是对方法的研究，它提供关于人们在从事研究时会做些什么的理论。由于存在多种方法，方法论的性质必然是一般性的，于是，方法论通常不给研究人员提供具体的步骤。所以，当面对具有折中特性的规划及其理论时，缺乏原始学科基础的规划理论如何形成呢？而规划的方法论又有什么独特性呢？

*

关于城市规划的科学性历来就有争议，城市规划一定是一项公共政策，也即政策工具，而不是科学。随着工业社会的发展，风险社会开始出现，城市规划的非科学性却又扮演着科学的角色，毕竟城市规划在表面上依旧依赖于城乡生活依附的土地空间，因而城市规划仍然维持着表面上的客观性。

但是在风险社会中，人们面临着生存的诸多风险，特别是由工业社会所形成的诸多风险，使得城市呈现出集体焦虑的态势，科学理论一定是动态变化的，因此，乌尔里希·贝克说，就这一点来说，重点在于科学能否在其实践的风险方面实现自我克制，而不在于科学是否跃出自己的影响范围，谋求在科学成果转化方面参与（政治）决策。

然而，城市规划的亚政治性是鲜明的，因而，城市规划的公共治理垄断性地位对风险的形成也许与科学知识的“制度传递”一样难形成财富与风险的匹配关系。

*

城市规划的科学问题是一个很难界定的内容，首先城市规划工作不是一个人能够完成的，虽然城市规划工作需要想法与创见，但集体化工作模式最终只会出现决策者与执行者的分离。

城市规划的最终归宿是追寻社会世界中的人居环境价值，需要人居价值的客观再现。

随着科学的发展，世界已被祛魅，而构建在物质环境中的生活领域也被现代化的进程影响并形成机械单一的同质化城市生活。城市规划的科学问题不同于城市的科学问题。

马克斯·韦伯在一百多年前说过，今天的年轻人中间流行着一种看法，以为科学已变成了一个计算问题，就像“在工厂里”一样，是在实验室或统计卡片索引中制造出来的，所需要的只是智力而不是“心灵”。

当前的城市规划工作立足于信息化时代，大量搜集缺乏灵感与创新的已有成果（而这些成果同样是源于更早的成果）进行快速的复制与模仿，从而形成非本性的集体化“借鉴”。

也许，会生活的灵魂才会认识城市规划科学的价值，但这一行为的吸引力能有多少人关注呢？大多数规划师依旧热衷于以报酬与效益为目的，或视其为动力和工具，投身工作的热情终究会随着时间逐渐减弱乃至消失。

二、关于设计

1. 设计的渊源

创造是人类的心智品质再现。由于艺术的存在，创造呈现出与众不同的妙意与启迪。当面对大众共同接受的价值时，创造只是人们生活的习得与遗产，而当创造形成独特的差异时，共识发生转变，艺术的创造就成为人们以差异性的方式理解人类多样化的表现形式。

创造在艺术、在纯粹的自我表达中充分发展，在原则上避免一切对过往的重复，甚至，正是艺术界定创造本身的差异。艺术脱离了重复性、相似性以及心理特征的可测量度，从而获得质量的独特性，即差异性（奥利维耶·阿苏利）。

基于创造视角的艺术检验，可以发展出一种评判人类品质与文化进步的方式。艺术不是一种空洞的表现形式，艺术的创造是改变认识世界视野的透镜并带有思维创造的思考态度。

*

人类为什么会创造符号？符号除了能高效便捷地传达信息外，还能直接简洁地形成信息。又由于符号领域的结构特征刻意标举，符号本身自然地展示出与众不同的区分。如让·鲍德里亚所说，符号是一种区分，通过排他而构造自身。一旦被纳入某种独特的结构之中，符号就将自身排列于它所固定的领域之中，屈从于差异性，在体系的控制中分别指认了能指与所指。由此，符号给予它自身某种完整的价值，明确的、合理化的、可交换的价值，所有现实性都在结构中消解了。

当社会的复杂性程度越高时，人们对价值的判断就会失去标准。如此境况下，符号的作用越来越突出：一方面将所有价值纳入到其构建的隐藏体系中；另一方面将同构性分析途径植入差异化社会中，从而使其符号化为价值体系的新逻辑。差异性与符号的完美结合又生产出越来越庞杂的、符号化的无限循环趋势。

*

艺术是如何诞生的？艺术并非是一种乏味的角度构建，它是使生命更有保障的修饰手段。作为人类构建自身价值的支配符号，艺术是理解生活要义的方式。虽然艺术的作用是趋同的，但艺术的方式是多样的，艺术一定不是有序的、全面的。因此，艺术的诞生不是控制，而是记录，随意性成为艺术的起源及其作用。

如奥利维耶·阿苏利所说，艺术应该在生产狂喜感和愉悦感的过程中显现出来，在其为神祇、偶像、神话传说和所有信仰提供化身的能力中体现出来。艺术以其特有的方式，即，使物品几乎发生质变并提升为作品，使器质性需求提升为更高级的渴望的能力，开创了非工业化的现象。

艺术是具有雕刻特征的创造，而不是简单的展示。唯有日常的生活感受才能通过艺术强化活跃的场景与集体的想象。作为社会凝聚力形成的艺术的确具有自我赋予的魅力。

*

时代特征是一个历史断面的总结，但时代特征总是与其之前的时期相对比的。对历史的敬畏是否需要深思？

我们这个时代的一大特征就是莫名其妙的自负，觉得自己比过去的一切时代都要优越，更有甚者，对过去所有的时代不屑一顾，拒不承认任何古典的或典范的时代，并自视拥有一种前所未有的全新的生活方式，且这种生活方式是以前任何一个时代都不可企及的（奥尔特加·加塞特）。

古典即是历史时期的正统典范，是大众所公认的审美标准与主流价值，是彼时大众生活的参考点。如今，随着大众的生活价值观念的转变，完全抛弃历史并不是有意义的生活。怀旧是每个时代的特征，只是怀旧者的数量是可变化的，时代特征也是每个时代生活的历史积淀再现。

*

审美品位是如何形成的呢？人们常用前沿潮流、时尚前卫等代表其起源，但这些起源的起源又是什么呢？品位从来不是单方粗劣的命令界定，而是双方精巧的互动协议。品位不仅是视觉和审美因素的汇集，也是设计与操纵审美的传送。

如奥利维耶·阿苏利所说，本质上，审美品位的形成取决于审美欣赏的互助、舆论冲突的协调、社会互动、关系倒转的相互性、交换的循环、语言和寒暄技巧的掌握。品位是一种分享的事物。它在思想和意见的交换中，在争吵和论战中，孕育、丰富、繁盛。

品位的本质是临时应对的交换结果，而非权力专断的社会驯化，但在这个过程中，品位始终是话语体系的变动与重建。

*

表象是一个有趣的概念，特别是在城市规划设计的工作中，在很多方案的构思过程中，主创人员都挪用表象来作为物质环境再生的中介，从而使外在建成环境产生的信息，经过主体转化而形成精神上的映象。表象在诸多学科中成为一个术语，成为人们应对时间相连的汇集的抽象。

如保罗·利科所说，正是通过表象这一术语，记忆现象学才能在柏拉图和亚里士多德之后描述记忆现象，因为记忆（souvenir）就是对以前的所见、所闻、所感、所学、所得的一种图（image）；通过表象这一术语，我们才能说记忆的对象是过去。这个在我们的旅程之初就被提出的过去之图像（icone）的问题又出现在了这段旅程的最后。

表象从其诞生本源来看，仍然带有语义学的价值与意义。而表象的存在价值在于人与世界之间的情感—实践二维互动的生命体验表达，且唯有表象的表达才能实现永恒的永恒。

*

特定时期的流行审美标准是如何确定的？其来源是什么？审美性的本质是另类的

意外创造，是刻意迎合大众喜好却又无法吸引大众的无意创造。通过与众不同的区分符号来形成设计和操纵社会的视觉及美学因素，从而使少数群体形成非大众化的普遍判断。审美性是一种时机策略的偶然化预兆，是潜藏在社会集体价值中的社会谎言，通过谎言的修辞成为超越物品之上的符号标记，从而带动了整个社会的观念幻象。

如让·鲍德里亚所说，审美性的加入总是隐蔽在社会逻辑中。为了避免流于空论，设计者殚精竭虑地将自身融入一个功能化的、理性的、大胆的形式之中去，企图博得大众的好评，但令他们奇怪的是这些形式并不能够自然而然地吸引大众。然而，在他们不懈努力的背后（这种努力提升了大众的品位），这些“流行”的制造者无意中开启了一个新的局面：美丽的、风格化了的、属于当代的物被精巧地创造了出来（尽管所有的真诚都被颠覆了），以此来阻碍大众对其的理解，至少不能滞落其后。这些物的社会功能首先是作为一种区分符号，使那些将它们区分开来的人们与其他人区分开来，他们甚至不会看到它的存在。

等同性观念支配下的差异性，需要符号的社会价值来区分身份、地位等外在展现。符号的审美功能从此迅速掌控了新的价值标准话语，审美性只是一种暗含与众不同的言说，共同感知终于被符号期许所屈服并被牵引。心理赋义也最终被他者的符号隐喻所消融，具体的美学被精巧的形象所替代，难道审美性只是一个社会表征的障眼法吗？

2. 设计的呈现

一个事物的创造或一项工作的创新应该是简洁明了的呈现或展示，如此才能体现实用的价值（图 7）。但现实世界，却有很多人为的、华而不实的“设计”，可能是一个产品、一个程序、一个计划，也可能是一个作品、一个发明、一个思路，都会过度增加复杂化过程的成分。但事实上，越是复杂越不实用，并且复杂性会提高产生风险的概率。

如克里斯·克利尔菲尔德所说，优雅的设计自然有其好处。它们看上去赏心悦目，玩起来让人爱不释手。但能让人看一眼就了解其状态的设计也具有惊人的价值。透明的设计让我们避免错误的操作，而且当你确实做错了，也比较容易理解。透明降低了复杂性，给我们提供了一条走出危险区的道路。

*

很多工作需要借助于制图环节，甚至有些工作的重点就是制图，但制图的过程是需要通过表达符号与表现标准来支撑的。

数个世纪以来，制图师们一直热衷于形式主义。早期的制图师面临一个两难的问题：

图 7　设计的过程

设计的过程应该是简洁明了地呈现或展示，而设计的过程有时可以代替设计的结果。

一方面要通过符号表征现象，比如对历史的语境和解释进行符号化呈现；另一方面要设计一个基于数学的网格系统来作为研究地球或整个宇宙的通用框架（安·布蒂默）。

形式主义往往导致制图人员的主观化或功利化，制图人员也被动地成为他人的工具。但在现实世界中，制度标准有时无法落实，制度符号有时并不科学，静态化的表达又一次成就了形式的意识框架。

符号体系的表面化仅仅是单一地迎合标准语境。时至今日，制图人员一样面临着旧的问题，而认识与理解很难成为直击本质的层面，符号互动论也告诉我们，本质的本质是动态的。

✻

公共空间的形态在互联网时代已然被分解为新的形式。传统的公共空间是大众的集市，是可以随意沟通、随时交往的实存空间。而互联网时代的公共空间只是打着公共的名号，成为刻意吸引他人、展示自我的虚拟空间。

形成一个公共空间、一个倾听共同体，打造政治听众的政治意愿正急速消亡，数字化的联网更加剧了这一趋势。如今的互联网并非一个共享、交流的空间，相反，它被瓦解为一个个人们主要用来展览自我、宣传自我的空间。今日的互联网无异于一个属于孤立之自我的共振空间（韩炳哲）。

公共空间的实在性变为虚拟性，不仅仅是交往场所与环境的转变，也是交往方式与内容的转变。虚假的交往构成了公共空间，而真实的交流却逐渐远离公共空间。公共空间的变质是社会的进步还是倒退？

✻

图示体系的建立是依据制作者的意图而形成的，但除了普遍性的日常生活图示面向大众群体之外，很多特殊图示也往往对大众生活产生较大影响，如以地图为代表的专业图示语言形式。但由于特殊图示带有专业化特征，大众群体很难认识与理解，特别是不同性别群体对图示的理解是有偏差的。

西蒙·加菲尔德说，男性和女性的大脑分别以不同的方式发挥了他们的寻路技能。男性在大范围内搜索，以便在广阔的区域中跟踪和追赶猎物；而女性则倾向于俯视，采集根茎和浆果，这种搜寻食物的技能依赖于记忆，而记忆则依赖于地标。

从人类进化的特征来看，具有指示性内容的图示是需要兼顾不同性别群体的图示阅读能力，而不仅仅是用展示代替使用。包容性社会也可以从辅助阅读环境的图示工具来尝试改变，显然这也是一个被人经常忽视的内容。

✻

信息时代中，传统的文字语言逐渐被大众所“摒弃”，而以图像、视频等为代表的图式语言却越来越受“欢迎”。文字语言的阅读需要较为耗时的思考，而图式语言则是瞬时的直接观看，极为便利又易得。从此人们的社交媒介形式也开始转变，其中，照片作为非文字形式最普遍最常见的传播方式，从私人信息展示到公众新闻传播都成为最常态最典型的信息媒介包装符号。

如同尼尔·波兹曼所言，照片以一种奇特的方式成为电报式新闻的绝好补充，这些电报式新闻把读者淹没在一大堆不知来自何处、事关何人的事实中，而照片正好为这些奇怪的干巴巴的条目提供了具体的图像，并在那些陌生的名字旁附上一张张脸孔。

图式语言对文字语言的冲击，使得获取便捷信息的同时却也往往造成杂乱无章的信息展示碎片。图式语言往往借助无休止的修饰加大信息的表达力，人们也似乎习惯了图式语言的快速膨胀并欣然所用，但忘记文字语言的人们逐渐形成缺失理性思维的反思考习惯，人们都习惯于省时省力的被动接收，而主动思索的动力已然消失。从“读”信息到“看”信息的演化过程更进一步形成无法有效理解人类思维的局限性，“娱乐至死”即为残酷的断言。

*

城市规划中规划图纸的形成往往都是立足于管理者的角度，以鸟瞰视角下的平面表达最为常见，这种特征的缘由是什么呢？

现代城市的规划者以鸟瞰的方式构思街道，将其视为推动商品、服务和人员流通的导管，而不仅仅是社交生活和传统社区关系发生的场所（肖恩·埃文）。可见，现代城市规划是以空间效率为主导的管理行为，而非以场所效益为主导的生产行为，而前现代时期的军事化聚落管控特征早已成为现代城市规划的思想先兆，空间效率更多的是立足于管理者的视角来考虑管理效率，实用主义的抽象化图纸成为达到效率目标的理性表达。

工业化为空间效率的管理行为进一步提供了保障，现代主义思潮下的秩序再构最终出现，理性成为秩序的高度简化思维。那些持极端现代主义的人倾向于以视觉美学的观点看待理性的秩序。在他们看来，一个有效率的、被理性组织起来的城市、村庄或农场是一个在几何学上显示出标准化和有秩序的城市、村庄或农场（詹姆斯·C.斯科特）。

理性格调擅长的直接、简洁、高效，需要标准化、一致化的城市规划图纸的体现。在人类生活的聚居形态中，城市乃至乡村、农场自然成为实现图纸理性理想的最佳实践。

*

尺度观念在很多专业领域都有所涉及，而在绘图工作中，尺度观念往往借助于比例关系来反映。因此，绘图术在此类工作中极为重要，但比例关系往往是静止的缺乏情景融贯的非动态化信息展示。

建筑学和城市规划学这两门学科也存在与绘图术中的比例关系相似的比例关系问题，以及依据所选的尺度来比较信息得失的问题。但与地图和它所代表的领域间的关系不同，建筑师或城市设计师的规划是以有待建造的一栋建筑物、一座城市为对象的。而且，建筑物、城市同自然、风景、交通网络、城市的已建部分等这些不同层次的环境的关系是变化的（保罗·利科）。

如此来看待传统的建筑设计图或城市规划图时，同时性与相继性的矛盾就会出现，时间节律在比例关系的表现中是不连续的，时间变化的叙事维度是否只能借助（非）纸面化绘图记忆来实现呢？透视未来的永恒状态始终是现在的显现或滞留的时间体验。

*

城市的尺度始终是城市规划师所重视的对象。然而，尺度的衡量虽然受人的主导，却又屈从于人类的时代特征。机器成为现代城市尺度的新主人，人们在规划现代城市的过程中仍然被迫偏移到对机器的偏爱及使用之下，并毫无复归之路，虽然呼吁与实践并不对等。机器的使用是为了人的便利，然而机器却推动着现代城市的标准化表达。现代城市规划的规模化实践，成为机器迭代生长的最佳场所。

如理查德·利罕所说，随着人类从印刷书籍时代向蒸汽机时代迈进，机器出现了，浮士德式的人绝迹了，同时，人与自然的关系也颠倒了。机器把人从自然中分离出来，它改变了自然风景，并帮助人们创建了现代城市。同时，机器还扩大了人们生活的尺度，同时也使人类越来越不像人。

机器从辅助人类生存到助推人类生活环境，最终又成为衡量人的自我尺度的标准，这一过程中的反抗与克制仅成为少数人的尝试。当机器过度化的灾难出现时，无助的人类面临庞大的机器世界而仅仅只能发出被压迫的无奈叹息。人类似乎成为机器的机器，机器真的会精准地渗透到人类的生命规则之中吗？

*

城市规划是一种城市发展未来蓝图的“描绘”方式，但城市空间本质利益分配的展示是极为抽象的，而利益呈现的外形环境则极为具体。因此，人类更易于从规划图示中“憧憬”未来。城市规划总是离不开图示的表达形式，而极为简洁的点线面元素所构成的凌驾在现状底图之上的纯粹符号体系总是最经典的城市规划表达仪式，特别是工业化以来的现代城市规划领域，总是通过仪式化符号抽象城市空间结构，我们需要反思其长久存在的原因。

调控世上事件的进程，如果是在纯粹符号出现的基础上实施，或是在仪式化符号的事件中实施，即便它是某种灾难性的进程，也总是比因果关系的发展进程更为恢宏，更为迷人（让·鲍德里亚）。原因显而易见，仪式化符号事件更能取悦不同群体的畅想信念与美好希望，而城市规划作为典型的仪式化符号事件，最易于通过符号表达“未来”，也更被各个城市社会生活及相关的城市群体所集体“观赏”，毕竟城市规划的抽象化进程比标准化目标更具有想象的空间，城市规划并不是一个有远见的信仰。

*

一直以来，有关城市规划的表达都是通过规划图纸来最直接最高效地体现，城市规划可以形成空间，而指导规划实践的图纸是表征的空间，从而又会形成空间的实践。

城市规划所面对的空间一定不是狭义的物理空间，但是规划工作人员已经把物理空间作为常态工作与惯性思维的一般对象。

亨利·列斐伏尔认为，那些绘图的建筑师和创作街区规划的都市规划者，好高骛远，轻视了他们的“对象物”，即建筑和街区。这些设计者与绘图师在一种纸墨空间中活动，只有这种日常近乎完全简约化之后，他们才回到生活经验中来。他们确信自己已经表达了生活经验，即使他们是在二次抽象中完成规划与设计的。他们从生活经验转换到抽象，再把这种抽象投射回生活经验之上。此种双重替代性与否定性创造了一种幻觉意义上的肯定，回到“真实的”生活。这样，某个场域便进入一种令人炫目的暂时被遮蔽的状态，它似乎会被阐明而实际上却是一个盲域。

社会、空间、行为共同形成叙事地图，需要重新思考规划空间与空间规划的本质。城市规划工作需要借助空间的表征来塑造表征的空间，但空间的表征是手段，是脱离空间实践的技术化个人表达，表征的空间理应是普世的空间的生产需要多元化实践。城市规划并非规划城市环境，而是规划城市生活，虽然生活往往依赖于环境，但从集体生活的角度来说，城市规划需要生活化的空间雕琢而非条理化的空间规训，经验有时与规范是冲突的，我们要使规范实践符合生活经验，而不是使规范实践制造生活经验，生活经验是集体活动的累进抽象，而不是群体行为的时点突变。

*

有关城市规划的表达已经逐渐形成了较为固定的模式。但随着科学技术的发展，表达方式也同样不断地更新变化，从传统的徒手绘图到计算机制图，从静止的图形语言到动态的视频展示。绚丽多样的成果表达方式，难道仅仅是为了体现某一规划编制工作成果的扎实、丰富或完美吗？

规划蓝图与实施效果的吻合，是城乡规划实施评价的标准，城市规划的表达衔接着现实与理想、连接着现状与未来，需要重新思考其方式的语言构建，毕竟作为一门技术性工作，要体现公共管理的政策工具特征，其工作语言很重要。语言在正确的高级心智化推理能力中发挥着重要的作用，这不是因为语言带来了这些高级能力，而是语言的语法结构，可以帮助我们去管理和追踪复杂的因果序列（罗宾·邓巴）。因而城市规划的语言也是需要建立其语法结构，要体现其辅助性的传递作用，要认识到城市规划语言不仅仅是专业人员的工具，也是普通大众的话题。唯有这样，城市规划的公共政策属性才会以适当的方式表现出来。

城市规划是政府的管制工具箱，也是民众的利益平衡器，只是要形成一个合理高效的语言，当涉及利益调整分配时，因果序列有时很难构建，本质上还是相关角色人的言语。

*

城市规划的成果表达一直随着技术的发展而变化。图纸、模型、视频等的表达方式是递进式的发展过程，也成为一条城市规划表达的传统—现代演变的演变线索。在此过程中，文字的力量却愈加微弱。而扩展到其他领域，同样也开始出现了以文字—图像—视频的更替方式形成新的时代表达方式。如今各行业都在热衷于视频影像的大量制作，而忽视了文字世界的想象，城市规划也不例外。

如安东尼·吉登斯所说，毋庸置疑，电视、电影和视频所呈现的视觉影像创造了可传递经验的本质结构，而这却是印刷品所不能提供的。然而，像报纸、期刊及其他印刷品一样，这些电子媒介既是现代性的脱域化和全球化趋势的表达，也是形成这种趋势的工具。

现代性的魅力总是从无限的期待中形成，媒介工具的价值是形成社会建构的表达路径，同时也是更为便利的选择方式，但当社会中到处充斥着、时刻展示着图像视觉影像的信息表达时，宁静的文字语境创造还会有多少人来关注呢？

第三篇　建筑与景观

一、关于建筑

1. 理解建筑

建筑是人类生存环境的创造形式之一，既有仪式化的营造方式，也有规范化的建设模式。在此过程中，形成传统与规则的拼图。

建筑规则所产生的有形与无形的综合意义，总会形成不同时期审美形式的归类，而传统风格的建筑审美始终是建筑规则的历史时代印证，建筑规则又与传统形成复杂的对应关系。那么传统到底是如何形成的呢？

如奥利维耶·阿苏利所说，在建筑领域中，传统的形成只是出于习惯，即潜在的第二本性，并没有其他的权威，因此建筑规则也不是绝对的。这些规则也可能是跟现有规则不同的其他规则。审美的正统性是因循守旧的，它反映出审美生产的惯性是嵌在审美习惯中的。如果撤销习惯的影响，那么过去的审美决定就只是武断的。

因此，习惯—传统—规则—习惯的闭环化微妙关系，将传统与规则的关系通过习惯进行黏合。审美生产源于审美习惯，建筑同样是审美对象，习惯是顺从自由的生存训练，又是自我约束的自愿接受，从建筑规则扩展至人类社会的一切规则，也可以通过审美视角来推断习惯的重要性。只是当诸多现代化现象快速打破传统甚至快速压缩传统的延续间隔时，习惯已失去了单纯的自由。

*

建筑是体现人居价值的重要对象。建筑学是人类对与其自身存在的直接和转瞬即逝的天性相联系的事物的制造及生产（保罗·门德斯）。在人居环境营建之路中，唯独建筑有着强大的设计理论与实践支撑，建筑是人的空间创造。建筑师应该研究并且分析空间理论，同时寻求对其特质的理解，也就是要了解它对我们感官所具有的力量在何方，以及它与人类这个有机体的类似之处在哪里（艾蒂安－路易·布雷）。

同时，建筑总是依赖于自然，并且人们总试图通过建筑来改变自然。安藤忠雄曾经在 1989 年写道，我的目的不是与自然对话，而是通过建筑来改变自然。我相信，一旦做到这点，人们就会发现与自然的一种新的关系。

自然世界中光是具有力量的元素，伟大的建筑从来都是光的作品。要了解光，必须自黑暗开始，在黑暗中觉察光的伟大，也只有黑暗的背景中，才能显现光的切割作用、光的塑形力量。光是取之不竭的能源，也是用之不尽的艺术宝藏。爱好空间艺术的朋友，必须自黑暗中耐心地体验才好（汉宝德）。

而建筑的物理空间又总与其结构和材料进行着多元化演绎。现代科技发展之后，结构和材料都成为专门的科学，有日渐与建筑分离的需要，但是自古以来，建筑的造型与结构工程是分不开的。以西方建筑说，古希腊建筑的精神是楣梁结构的表现；古罗马建筑的精神是拱顶结构的表现；哥特建筑的精神是尖拱与附壁结构的表现；文艺复兴的主要纪念性建筑都依赖圆顶的结构。所以现代建筑要脱离结构与材料完全独立是不可能的（肯尼斯·弗兰姆普敦）。

建筑有时因人的存在而有了独特的意义，甚至成为文化符号的直接表现。建筑并不仅仅是“建”，而且还在于“筑”。任何人造物都可以看作一种符号或工具，其目的是在人与环境间的某种关系中引入秩序（意义）。通过符号化（symbolization），人们可以超越个体的局限而过上一种有着社会性和目的性的生活。一切符号的根本意图，是要存储人们所归纳的东西，而符号的功能也就成为人类抽象和概括能力的必要补充（克里斯蒂安·诺贝格-舒尔茨）。

符号世界往往需要并造就了建筑群，再扩大到一座城市的诞生，现代主义建筑流派确实是需要从建筑学蔓延至城市规划领域，但正是现代主义的出现为非主流建筑提供了批判的空间。如路易斯·康对一种简单的、即使是面向社会的功能主义的拒绝，以及他对一种能够超越功利建筑的喜好，使他对城市形式采用了平行的手法。

*

建筑是人类建造工作的典型代表之一，而建筑的建造由于人的理念与行为的二元化影响又超越了物质形态，进而形成美学艺术。作为艺术形态方面的生活空间，建筑所形成的建筑物最能融合物质与精神的共存，也即物质性与精神性的二者共存物，才能形成建筑物的灵魂。

如克里斯托弗·戴所说，这可能是从两个方向赋予建筑物灵魂：灵感以世俗的方式表现出来，而物质因为艺术的养育而充满精神价值。物质和精神两者相互需要，缺少任何一方都是不完整的。但是，设计图是以实物形态（名词）来描述建筑物，而它们的灵魂品质（形容词）只能通过建造体现出来。

因此，从建筑学的角度重新思考建筑，建筑之“建”“筑”才是建筑学作为共享与协调人居环境的意义与价值。作为人的尺度的空间再造，建筑物的智慧创造始终离不开建筑物灵魂的存在意义乃至人类存在的意义（图 8）。

*

建筑从诞生之初，外形总是最直观的表现，而建筑外形的设计及生成过程从最初的手工绘制、器械绘制到数字信息技术制作，时至今日，当然不再是新鲜的设计技术了，从很多明星建筑师的作品中早已体现。王建国院士在一篇文章中对未来建筑学及城市规划设计中的数字信息技术融入进行了回顾与展望，数字信息技术在设计行业中

图 8 建筑的生长与消亡

建筑的生长与消亡在城市化过程中愈发失去了建筑物灵魂的存在意义以及人类存在的意义。

的应用有着广阔的前景。文中指出，建筑设计数字技术的发展方向大致是从计算机技术应用出发，最终回归到建筑设计行为。回望数字信息技术参与建筑设计的历史，以弗兰克·盖里为代表的设计者强调施工和建造过程的数字化，设计者利用CAD/CAM软件将手工艺和标准化工业生产相结合创造出可批量制造的、数据相关而外表各不相同的、精巧而精确的建筑产品。此类建筑设计不仅强调施工和建造过程的数字化，也强调设计过程的数字化，甚至直接编制程序进行设计，也即从计算辅助设计转向计算机生成设计（computer generated design）。从辅助设计变为生成设计，这对设计行业及从业人员来说是一次变革。如果由此产生的共识性评判标准是更合理、更科学的，那么行业的未来将可能会更公平、更单纯、更本真。任何设计总是因人而设计，就如德国教堂建筑师鲁道夫·施瓦茨所说，人类如果不设计自己本身，就不可能规划世界，因为他总是从建筑意义、宗教、人的行为、世界秩序、城市和建造出发，提炼塑形手法，追求空间秩序与行为秩序的统一。

*

一个建筑的好与坏是可以通过一系列标准来评价的，人作为建筑的创造者与使用者，愉悦是人的价值追寻，因而人们也会设定若干个非建筑词汇作为总结评价愉悦建筑的标准。如格朗特·希尔德布兰德所提出的视野、避难所、诱惑和危险，其中还有复杂秩序这一词汇，针对视野、避难所、诱惑和危险这四个词来说，其实它们的核心要点就是体验。

如果说体验是一种历程，那么它一定会有过程和目标。它是一种断续化的连续状态，这种体验，应该是两种状态的结合：一种是身体上的运动，一种是心理的变动。准确地说，应该是通过恰当的暗示和适当的探索，即环境对人的暗示与人对环境的探索来实现的，二者之间的互动用“引”与“叹”来总结或许更好。

“引”是一种环境对人的吸引，而“叹”是人对环境的感叹，前者是客体对主体的引导与塑造，后者是主体对客体的感知与适应，但这两者又能融合互补。视野和诱惑，是一种“引”，是暗示，避难所和危险是一种“叹”，是探索。

如果这两者能完美地结合，可能会形成真正的生存美学，而不仅仅是一个建筑、一个建筑群。一座城市应该也会是令人愉悦的，当然无疑也是一处美好的家园。

*

建造行为是存在主义思想的实践表现，它可以是居住行为的仪典痕迹，也可以是存在空间的诠释技艺。居住行为是存在与存在者的修辞聚居，通过对空间的类别提取，从存在空间到几何空间的标记样式再造，再到从几何空间与身体条件的表象构成对话，最终形成存在空间、几何空间、身体空间的多元空间体验与多层记忆滞留。依恋感始终是居住行为的三重空间性的价值形态和意义特性。

如保罗·利科所说，居住行为处于存在空间和几何空间的交界处。不过，只有通过建造行为，居住行为才能得到安置。正是建筑术让几何空间和身体条件所展开的空间共同组成的无与伦比的合成物得见天日。

建筑术的潜能可以透视空间、生活、身体的共生智慧，也是形成空间情感与实践的重要环节。空间的存在逻辑也同样可以认识居住行为与建造行为的构式，而建筑术的确是一门维生技能，只是现代社会中人们的建筑术技能却在机械化的技术革新中逐渐消失了，从而居住行为也失去了建造行为的支撑，仅仅成为失去愉悦、归属、意义的存放身体的几何空间了。

2. 创造建筑

弗里德里希·谢林说过，以有限的形式表现出来的无限就是美。图示是一种常见的思维表现形式或表达方式，不仅仅在建筑学、城乡规划学、景观学等领域，在许多学科领域中都会出现和应用。它往往用简单的元素来表现某种集合模式，不仅被大众识别一个成功的图示，而且能通过学习、积累、思考，推导、抽象、概括并认识某种模式研究，最后上升为一个成功的图示语言。图示应该是形成知识构建的主要逻辑工具，也印证了思维无直观则空（伊曼努尔·康德）。

*

要认识布鲁诺·陶特的城市之冠，首先要理解其对建筑的认识：当对建筑物的追求超越了对基本需求的满足时，建筑便成为一门艺术，一种想象力的游戏，与用途之间只有松散的联系。

城市之冠是一座城市的头冠，它蕴含着高于城市功能的需求，是民众的社会兴趣满足的建筑物共同体。因而，建筑成了人类社会分层的实体化表象。

古代时期的宗教建筑往往在城市中占据着有意义的位置，而现代城市的天际线仅仅是喧嚣而张扬的展示，资本与权力之外的城市之冠可能才是大众追寻的生活景观。

*

住宅设计虽然范围不大，但却是一项富有生活文化价值的创造性工作，不管是对设计师还是对居住者而言。

住宅是人类聚居的基本单元，由于涉及家庭“居－产”活动，可以借助实践感理论（皮埃尔·布尔迪厄）进行创造性思索。作为对实践活动和物件的意义的实践掌握，住宅是生活实践的重要场所。

皮埃尔·布尔迪厄在《住宅或颠倒的世界》一文中写道：住宅是一个按照组织宇宙的同一些对立组织的微观世界，它同宇宙的其余部分保持了一种对立关系；但是，从另一个角度看，住宅世界整体上与世界的其余部分保持了一种对立关系，其原则不是别的，就是住宅内部空间和世界其余部分的组织原则，从更广泛的意义上说，是所有生存领域的组织原则。

城市化使得人们从承载农业“产－居”活动的农村住宅向承载非农业“职－住”活动的城市住宅转变，其间，性别对立关系也有所变化。

重新审视这一变化，需要住宅空间创造者借助实践感来理解象征性习惯行为，理解男性离心趋向和女性向心趋向之间的对立是住宅内部空间组织原则，毕竟社会世界是物理世界再生产的动力，住宅空间的演变依旧离不开生活实践的服从。

*

墙在人居环境建设中是最简单最直接的空间分割方式。从早期人类聚落空间形态看，人类先民聚居现象是受自然环境的制约，而空间界限一定是随着人的生存需求而出现的，以墙为代表的空间边界的出现是人作为动物的自我防卫性本源的必然。

人是群居动物，因此，独立的个体交叉构建形成家庭、族群、社群，最终构成群体。不同的群居形式都需要一个共同的集合空间生存，共同的空间是一个宏观级的大空间边界界定，其内部又是若干个微观级的小空间边界界定。

从院墙、坊墙到城墙，再到一个国家的边墙都是不同层级空间边界形式的表现。人们为了便捷省力地建设不同空间的墙，往往还要考虑借助于自然环境及文化类型。墙是对冲突存在的建筑学表述，说明需要划定文化区域的界限（段义孚）。

随着社会发展和经济提升，城市成为人居形态的主流，城市空间逐渐成为空间利益冲突的重心。现代城市的空间界限已不受制于一般的自然环境，而多元混杂的城市文化反而成为城市空间边界的重要影响因素，城市空间边界已经不再是前工业时期由“城墙”所限定的一般形态。

现代社会的城市边界不应该仅是规划图纸上的一圈闭合的线条。从古代的城墙到现代城市规划管制中的空间增长边界，是不同的城市空间界定路径，是由统治性的管理向服务性的治理转变。城市的空间边界需要立足于作为有机生命体的城市以及不同规模尺度的城市空间的物质环境边界与人文社会边界的有效结合。维护空间秩序需要刚性也需要弹性，但一定是可调节的动态化建构。

*

厨房空间是家庭住宅中的重要组成部分，但当下人们趋于生活在快节奏的城市中，似乎已经远离了对厨房的日常使用。住宅设计中重视卧室、客厅等空间，在房产推销中只重视采光、景观等效果，而厨房由于使用频率降低，逐渐成为被忽视的次要部分。

传统文化中，厨房处于很重要的位置。《阳宅三要》中的门、主、灶是一处宅屋的三个重要因素，住房为饮食之方，是一家人日常生活的最普通却又最神圣的空间。

如今我们已经习惯了简化随意的家庭厨房，但即便如此，厨房依然是将食物加工点缀，以便给就餐者留下深刻印象的场所，并且，即使在最平常的家庭里，食物准备与消费空间的分离仍然显示出不同的社会地位和社会分工（马丁·琼斯）。

住宅设计中厨房应该被重视，而家庭生活中也应该关注厨房的重要性。饮食是人类基本的生存活动，而厨房也是居住空间中最不该被遗忘的生活场所。

*

城市建设中的环境审美标准，历来都与大众审美的形成有关，而大众审美的标准与建成环境的关系是双向化生成机制所构成的：一方面，环境（无论是先验的还是经验的）都会改变审美价值的演化状态；另一方面，心理价值观又会创造或改变环境的美学状态。

建筑是最为典型的环境代表，因此，建筑审美又成为最具体、最直接的环境审美对象。那么审美的标准是什么呢？是发自内心的观念性的感官触动论调还是周遭客观的实在性的纯粹描述反映？

克里斯托弗·戴说，我们一旦接受周围环境中的丑陋之物、线条生硬的粗糙事物以及强烈冲突的形状，把它们作为标准，就不会觉察其如何使我们一步步变得冷酷、苛刻，并深陷其中，而且具有侵略性。反之亦然，和谐美好和深刻的精神会诱发平静的内心状态，并使我们的态度和行为变得平和。

建筑环境是人的经验性产物，但又影响着人的内心意念状态，进而又形成新的审美态度来指引环境建造。建筑环境与心理审美标准，很难通过绝对的境况来限定，只是在越来越标准化的社会化过程中，标准的形成是瞬时的，而心理的形成是渐进的。虽然标准的建立与确定也是心理活动的集体反映，但快速的强权标准生成很快会吞噬人的心理“标准”乃至心灵“标准”，环境标准的更替终究要超越审美价值。

*

记忆与历史是一个有趣的话题，在许多涉及记忆与历史的工作中，如何呈现记忆与历史有着不同的精细度。叙事与建筑是一组有相同修辞逻辑的历史记忆手法，叙事可以通过构成非物质的记录进行历史铭记，但对诸多人来说，这仍然是一种需要思想功用支撑的认识与传承。而建筑则不同，建筑是非物质符号与物质环境的结合，是可以通过视觉规定呈现的事物创造。

保罗·利科说，叙事和建筑代表同一种铭印（inscription），只不过一个写在时间绵延（duree）上，另一个写在物质绵延上。被写入城市空间的每个新建筑就像是被写入文本间性(inter text uate)领域的叙事。建筑行为是由它同一个既有传统的关系决定的，而且创新和重复会在这一行为中交替出现，就此而言，叙述性更直接地渗透到了建筑行为之中。

创新与重复是建筑行为成为记忆与历史的主要特征。叙事是记忆编制的回源，更多的是思想痕迹的见证，而建筑是人居环境持存的创新，是超越叙述的文字–非文字话语技艺，是叙事语言形象的物质化图像，但又以人的使用而存在。从此角度看待建筑活动才能真正理解建筑物的筑造目的，可以透视建筑活动的创新与建筑行为重复之间的记忆价值。

*

老建筑的价值在不同文化圈视野中有不同的体现。在欧洲文化中，年代久远意味着名誉声望，所以老建筑往往意味着最高价格。然而美国人对过去不那么满怀敬意和自豪感，对新鲜事物反而倍加推崇（肯尼思·杰克逊）。

在中国，往往从保护价值出发来关注历史建筑，历史建筑不一定是文物保护单位，但却能反映历史风貌和地方特色。

老建筑的价值审美是一个演变的过程，价值一定是大众的集体判断，而价值保护与传承一定也是源于大众集体价值观，而不是阶层群体价值观。这也一定是一个观念认识的漫长过程。

二、关于景观

1. 景观的社会性

现代性的信息化特征越来越成为当今社会的新的活动呈现形式。主体的表象总是想通过可预见性来参照和实现，信息的泛滥包裹着主体的视野，从而形成一种特定的形式。作为理论范式及价值理想的未来预见式实践工具，系统化的科学越来越成为人们认识世界的唯一路径，而当科学的思路与信息的混杂构成新的认知基点时，各类乌托邦形式又反过来支配着人们的记忆和想象，观念从此形成，人们失去了自我的意义并开始丧失了主体性。

天地万物的总体可预见性，就像科学向往的可预见性，在这一意义上构造了它们最堕落的形式。通过无意识的系统的堕落，即有意借助信息而迷失于倒置的乌托邦，迷失于拯救世界的乌托邦（尽管糟糕的良知似乎还一直闪现），反终极目的的科学和信息难道不是处在预告世界终结的立场上吗（让·鲍德里亚）？

主体的行为都是表象化的过程，都是构建想象的外表构架，而本质的意义从精神家园中开始消失。创意的客体一定不是多元化的，科学工具的信息化成为认知世界的新实验场所。世界的终结将会使主体带上客体性，但物性仍然是与灵性有认同层面上的变异，想象的错觉代替不了灵韵的回归。

＊

时尚的本质是什么呢？时尚总是代表着一定时期的前卫流行特征，但为什么会有或需要前卫流行的现象呢？时尚仍然是一类价值符号，而符号是有差异的表象，差异才是关键，有了差异才会有分门别类，而不同的差异群体又形塑着其认知语境。让·鲍德里亚认为，时尚不过是那些试图最大限度地保持文化的不平等以及社会区分的有效机制之一，通过在表面上消除这种不平等的方式来建构不平等。它试图超越社会逻辑，即第二种类型的自然，实际上，它整个被控制在社会阶层划分的机制之中。物（以及其他符号）的“现代”短暂性，实际上是奢侈的后嗣。

作为构成不平等的社会阶层的动因，时尚是前置的，通过时尚来生产差异的意象进而成为创造价值认同的维系工具，通过人的使用表现成新阶层的精神隐喻，时尚只是人类追求自我认定的手段。

＊

装饰的价值是什么呢？装饰不是为了单纯地展示装饰物，而是为了呈现被装饰物。唯有对被装饰物通过装饰物来装饰，才能透过假象世界来认识现实世界，这是因为现实世界是平凡的、普遍的常见环境，人们的生活习惯已经构成了忽视现实世界的思维惯性。因此，人们发明了装饰，通过装饰来提高对现实世界的回望与重视，从而形成与众不同的效果。现实世界除了人们的生存环境外，还有人自身，因此装饰往往最先从人自身开始。

北川东子说，装饰，仅仅作为装饰是不具有任何意义的，只有作为修饰身体的东西，才开始具有了意义。垂在耳垂上，戴在纤细的脖颈上闪耀就是装饰。通过装饰身体，使身体本来的美可以让我们用眼睛看到了，但是，不能将身体全部覆盖。特别是，装饰本身并不是本质性的，因其是多余的，才让我们感觉到它是必不可少的，由于是过多的，才会让我们感到它对身体的不可缺少性。

当从自身扩展到周围时，装饰同样发挥着完善盲视的作用，从生活用品、建筑景观、城市环境等都开始出现装饰的集体潮流。装饰可以试图打破一致化、简单化、同质化的表象，而建立备受重视的形象，从而形成频繁修饰与迭换精致的假象注视。装饰最终成为后现代思潮中的集体的错觉，成为违反和对抗传统的有力武器。装饰化也成为提取、估量、赞许现实世界多样性意义的涵括手段。

*

“展示”，在资本主义商品价值构成中起着很大的作用。商品本身被商品展示进行包裹并成为价值的再赋值，展示手段一定程度上超越了商品自身，更倾向于注重仪式和过分精致的包装与表现。

于是，商人们热衷于对商品展示的偏爱，而顾客们也沉迷于商品展示的鉴赏娱乐之中。去价值化的表演场景在现代社会中到处可见，如尼尔·波兹曼所说，美国的商人们早在我们之前就已经发现，商品的质量和用途在展示商品的技巧面前似乎是无足轻重的。不论是亚当·斯密倍加赞扬还是卡尔·马克思百般指责，资本主义原理中有一半都是无稽之谈。就连能比美国人生产更优质汽车的日本人也深知，与其说经济学是一门科学，还不如说它是一种表演艺术，丰田每年的广告预算已经证明了这一点。而在信息时代中展示的形式和方式又成为新的展示物，成本－效率准则之下的商品消除了自身的简单化价值，而逐渐形成被展示所控制的模糊性意境。

消费社会中商品消费的流行之势真的变成了快乐的商品消费者群体，乏味的修饰与多余的包装理所当然地成为商品价值的新世界。

*

知识的展示及传播方式是变化的，最早为口口相传，后来经历了文字记载，而印刷技术的普及才是大规模教育兴起的关键，也成为最直接有效的知识流动工具。知识的获取一定是高成本的而非手到擒来的低廉产品，然而，信息时代中依赖于传统文字的教育方式产生了很大变化，如今多数人们丢弃了文字印刷品，而青睐于文字的电子媒体。

尼尔·波兹曼说，人们不再认为教育应该建立在缓慢发展的铅字上，一种建立在快速变化的电子图像之上的新型教育已经出现在我们面前。目前的教室还在使用铅字，但它们之间的联系已经日渐削弱了。而电视正以前所未有的速度持续发展着，为“什么是知识”和“怎样获得知识”重新进行了定义。

当前，智能手机成为电视的新替代品。围着电视的被动式群体化的知识快速传输形态转变为围着手机的盲目式个体化知识高速散溢转型。即使这样试图通过电子媒介作为知识获取与教育引导的方式也可能是行不通的，毕竟人不是被动的感知体，而是主观的思考者。

*

场所原本都是自然的生活场景，是场所中的人自我构建的环境意义叙述，不需要外来者的刻意阐释，但很多场所外的人总是想通过策划、规划、设计等方法预先赋予场所意义（图9），从而使得场所成为文化符号的增加对象，甚至成为符号推销的产品。

爱德华·雷尔夫认为场所在表面上被贴满独特标志的同时却越来越同质化，于是

图 9　景观环境的人工营建

场所的意义是自然生成还是人工创建？当景观环境的人工营建大量出现时，“假场所”成为场所的最终选择。

它们变成了“假场所”。场所营建应该不是设计者或建造者自我迷恋的想象，而是当地人日常生活的架构展现与传承，不需要过多的外界干预。场所精神是自然的生成，而不是外界的赋予，是面向当前的激发，而不是回到过去的怀旧。

*

现代性给人们的生活带来了丰富的满足，但除了生存条件的改善外，生活环境也随着现代性的影响而迅速变化，各种空间成为现代性最擅长的领域，同质性空间成为最易于生产的首选方式。

严格地说，一个同质和绝对同时的空间是无法被感知的，它缺乏对称和不对称之间相互对立的冲突性元素（总是被解决，但又总是被提出）。同样值得注意的是，在这个关键时刻，现代性的建筑空间和城市空间恰好正朝着同质化状态发展，朝着几何学与视觉之间的混乱和融合的状态发展——这会引起身体的不适：到处都是一个样儿，地方化以及单侧化不复存在。能指和所指、标志者和标志物都是事后添加——可以说是作为装饰而存在。它们的作用，如果可能有的话，就是强化了荒芜感，增加了不适感（亨利·列斐伏尔）。

当人们被卷入现代化进程中，大家都沉迷于集体消费，而忽视了个人的自由，人们没有认识到同质性的僵化与滥用。当人们面临着统一化的环境时，会很自然地将错综复杂的地方性摈弃。

装饰成为补充个人喜好或试图改变同质化的微弱又虚假的手段。而当人们都发觉到集体的不适感时，自主且自由的想象受到限制。现代性并非是完美的。

*

如果说城市时代是现代世界的象征，那么都市时代则是后现代世界的象征。城市与都市是前后呈现的社会空间，二者都是社会群体居住的空间区域，而二者的区别也是有微妙却有不同的地方：城市时代仍然是立足于物质空间的社会关系，人们仍然着眼于空间实在，而都市时代却是立足于精神空间的社会关系，人们更着眼于文化、符号、心理等非空间实在意义上的空间性，而之所以出现后现代世界，就是因为其价值体系是对城市时代的继承性的反叛。都市时代可以避免理性的过度、生活方式的过于乏味、商品生活的过于同质。如理查德·利罕所说，一旦进入了充满都市符号的后现代世界，我们会发现阅读的问题更加复杂。与自由飘浮的意指取消了意义一样，阐释变得与妄想没有区别。这是任何自闭系统的最终结局。留给我们的，只有衰退了的人性、匿名感和零余感、人的孤独和脆弱感、焦虑和极度的神经紧张。没有了超验性，城市无法超越其所消化的东西，心灵也无法超越其自身。

因此，以精神符号为导向的文化、隐喻、装饰等试图差异化空间存在的手段开始出现。后现代城市无法超越精神的需求，而只有都市才会提供心灵与精神的表象化创造。

*

公共空间是城市的重要场所，由于公共性的特征，场所功能往往是开放且多元的，一个公共空间功能确定的依据是什么呢？有时同样的物理空间会有不同的功能，而同样的功能会有不同的空间环境，空间类型与活动类型并不一定是标准化对应的。用空间确定活动与用活动确定空间会形成不同的形式创造，需要从二者的不同属性来思考，公共空间与集体活动的交集就是场合，这是一个有趣的人类社会的时空域，是一个既自然又不自然的共时环境，是一个生物－社会－意义空间相互维系的时空聚合地，只有人们很少认真地关注。

欧文·戈夫曼说，同一物理空间能被用作多种社会场合的背景，成为多种期待的场所，这一可能性常常被社会认可，但通常有一定的局限。因此，在公共街道这样的重要场所，西方社会的倾向是将这些地方界定为一种主导社会场合的场所，其他的社会场合就要退居次要地位。于是，潜在的互相竞争的定义就成为一种公共礼仪。当然，这种公共礼仪常常被短暂的游行、小丑表演、婚丧队伍、救护车和消防车颠覆，所有这些事件短期内都给公众的听觉留下特殊的调子。

场合的出现使得公共空间有了不可预测的变化，也有了情景－社会价值。因此，公共礼仪是社会规范下的自然反应，既符合大众化价值也符合个体化效率，公共空间的形成一定是要在开放的实践基础上不断改变的。公共空间是社会群体的集体舞台，是人类赋予其社会人的意义平台，社会互动是群居性空间的重要标志，变化的秩序才是社会活动的特征。

*

一个美好的城市形象是由各种城市治理工具综合协作形成的。城市规划是对城市土地开发的限制与管控，但一般涉及强制性管控内容的城市规划，往往只会对土地预期开发后建成环境的一般特征进行预先界定，而建成环境中的建筑物是城市空间的主体，建筑物在一定程度上构成城市建成环境的基础，但建筑物的风格装饰不易受城市规划的直接影响。从形象展示角度看，炫耀性浪费与展示性效用总会相互关联，炫耀性金钱观总是低效用的，建筑物作为消费品，同样具有资产的品位展示条件，但建筑物的炫耀性展示更依赖于城市设计的环境引导与建筑设计的风格装饰，只是长期形成的习惯化观念又将心理需求转变为价值观念，建筑物是炫耀性消费的直观对象。

托斯丹·凡勃伦说，我们城市中较高级的住宅和公寓，其正面五花八门、形式各异，但都既昂贵又不舒适，是各色各样的建筑灾难。而被视为美的对象的，则是未经艺术家染指的建筑物的侧墙和后墙，它们通常反而是建筑物的精华部分。

城市形象的建立一定脱离不了建筑形象，而建筑形象的形成一定脱离不了建筑装饰。功能与形式的争论随着时间的推移一直在变化。从建筑扩展到城市，审美准则是变化中的时段性稳定，昂贵、无用、低效、复杂、浪费等是不可避免的，消费的本能会产生额外的表面化装饰与体面化声望，实用与浪费的界限变得模糊，虚伪是真实的世界，外表是内心的镜子。价值与审美是少数人代替全体人的品位准则的主动构建，而非多数人代替全体人的普世标准的被动传送。

2. 社会性的景观

旅游的本质到底是什么？旅游往往是现代社会中除去日常的生活工作之外的一种休闲消费。因而，也是工业化社会时期之后才诞生的并以经济学利润所支配的消费活动。居伊·德波认为，作为商品流通的副产品，人类的流动被看作一种消费，即旅游业。它从根本上可归结为一种休闲，去看看那些变得平凡的东西，对所走访的不同地点的经济治理，它自身就已经是这些地点的等价的保证。从旅行中抽取时间的同一个现代化，也从时间中抽取空间的现实。

如今很多旅游行为总是带有景观宣示的色彩，是资本价值所构建而成的刻意行为，而景观社会理论也进一步揭示出旅游的景观性。

越是消费主义盛行的时代，旅游活动越表现出符号性特征，旅游开始演变为符号化景观的体验，而非生活化意义的诠释。如今，当人们乐于拍摄旅游景色和旅行景象时，已然表露出融入集体表演的倾向，而支撑旅游的动机已经开始被无意义的景观消费所取代，以至于人们忘记了旅游的初衷。而包装、装饰之下的旅游消费活动，本质上也成为非旅游活动。旅游者只是景观社会中的虚假生活的创造者与组织者，同时也成为景观社会中的景观现象生成者与接受者。

*

旅游是一种生活体验，这种体验往往关注与旅游者自身所处环境不同的他人环境。因此，地方性是旅游地营建的条件，也是审视旅游地价值的基础。然而，当旅游被限定在旅游业的视域中，产业化使得旅游自身的意义逐渐丧失。

旅游本质上离不开逐利的假象，而在逐利的驱动下，同构性的旅游景观与相似性的旅游符号开始出现，均质化的旅游环境建设无疑要比差异化的旅游环境建设更具高效收益的可能。旅游业使得旅游消费屈从于旅游景观环境而非旅游动机感知。人们在产业化背景下的旅游活动中无法体验差异性的地方感，却被强制性地纳入虚假的旅游幻象中，从而又形成均质的旅游行为与动机。如爱德华·雷尔夫所说，旅游业造成了均质化的影响力，所到之处都呈现出大同小异的景观，进而造成地方性、区域性的景观被解构。其实，区域性的景观恰好是旅游业发展的动力，结果它们反而被随处可见的旅游建筑物、人造景观与虚假的地方所取代。

地方性的虚假修饰构成了媒介化旅游的收益链。当旅游者共同感的虚假表面取代了其真实心理同感时，旅游的意义在哪里？也许此时旅游者仅仅成为旅游业利益体系中迷失的动能输入。

*

城乡关系是一个自然化的存在，但由于人们刻意化地抽离城乡之间的主观差别，从而形成带着偏见色彩的衡量态度，构成自然的城乡二元分割的界定思路。

城市越大众化、越主流，农村越神秘化、越边缘。当城市化到一定程度时，城市人总是畅想着非现实的乡愁梦，甚至生活在城市中的很多人却口是心非地重建着农业神秘主义。如理查德·利罕所说，奥斯瓦尔德·斯宾格勒接过格奥尔格·齐美尔对城市的描绘，重新制造了另一种形式的农业神秘主义。通过对比乡村与城市，他主张人类生活的根应扎于土地之中。由于与滋养自己的外界源泉切断了联系，城市成了一个封闭的熵增系统，这导致了文明的没落：为理性而牺牲本能，为科学理论而牺牲神话，为货币的抽象理论而牺牲物物交换。

城乡一体化趋势已成现实，土地之基在城市中越来越弱化。城乡本无界限，但由于城市化的强势话语逻辑，人们天然地视城市生活为现代社会的生存样态，而带着单向度视角的城—乡划分思维，隔离性地看待城市与农村。城乡的错位感从来没有消失，繁华的都市生活的归宿依然是枯燥乏味的陌生人的生活本源消弭，可是如何才能做到在现代化过程中，城市主导下的农村的反派与继承呢？

*

城乡差别的界定有很多标准，而城乡空间往往是最直观的体现。城市与乡村都可以通过空间叙事框架来反映城乡生活的聚居特征，但当把空间视为社会经济发展的资本化要素时，空间暗示成为回溯性构建城乡社会的新起点。资本主义都市成为工业革命后城市发展的强势代表。如安东尼·吉登斯所说，资本主义都市是一种“人造的空间”，它消除了以前存在的城市与乡村之间的差别。在前资本主义社会，城市与乡村间维持着一种相互依赖的关系，而两者之间也存在着明确的界线。但在资本主义社会，工业已经超越了城乡之间的划分，农业已经资本主义化和机械化，并且与其他生产部门一样受相同社会经济因素的支配。与这一过程相连，在社会生活方式方面，城市与乡村的差别也变得日渐模糊。空间已经成为一种社会现象，而不纯粹是一种物理环境，“城市”与“乡村”的差别也消失了。取而代之的是“人造环境”（built environment）与“开放空间”

（open space）之间的差别。

当城市化达到一定程度时，城市与乡村的差别也许仅仅存在于能指符号的意境想象之中。城市与乡村再无界限，而城乡空间形态的表现也开始模糊化。人造空间与开放空间成为人类聚居生活的新表征空间类型，而都市文化与乡愁记忆只能存在于表意实践的符号表征中，实际的所指也将会被新空间意识所置换。

*

信息时代中，很多以电视节目为代表的媒体形式成为人们理解历史知识的最便捷的主流手段。然而，在大众沉迷的集体从众行为中，我们不禁要思考一下电视等媒体中所提供的信息是否是准确且可靠的。客观来说，历史描述与形象表现应该要记述某一历史现实的所有信息，然而，媒体所提供的往往是基于信息形象的可见性，而非信息表象的再现性。从此，大众媒体成为主流。

如迈克尔·施瓦布所说，从电视节目中去了解遥远的时代、地点和人物并没有错，但我们应该留心，电视以表象的形式为我们提供知识，这些形式通常都是为了娱乐大众而非给大众提供信息。这意味着，有某个人或者是一群人为我们选择了画面的一部分（关于某一事物所有信息的子集）并呈现给我们，就像它是整个画面一样。因此，我们得到的是对现实（一种我们可能无法直接接触到的现实）之精心制作的部分再现。

信息化使得人们的生活数字化。但数字化让人们丧失了经验场域，而被期待视域所替代。人们从此成为娱乐性视觉获取的被动使用者。

*

街道是城市的公共通道，是城市空间结构的骨架，也是城市生活的重要场所。从普通的城市街道到专门的城市商业街，从城市室外步行街到城市商业综合体……都带着城市街道的痕迹。街道除了承担城市交通外，同样也是生活交往的空间。

当把城市放置于经济活动中，我们会发现街道是城市空间生产的通道，也是城市最开放的生活交换场所。亨利·列斐伏尔说，街道在劳动时间之外控制着时间，它使劳动服从于自身的系统，服从于产出和利润。它只是存在于强制劳动、有计划的休闲活动和作为消费场所的住宅之间的必要过渡。人们生活在城市中，除了“走”街也要“逛”街，除了工作也要休闲，流通与交往从来不是隔离的。街道一定是生活性的，非生活性的仅仅为道路，街道是城市的符号基质，需要保持开放，街道是城市的血管，需要唤醒我们内在的情感。

第四篇　地理与人居

一、关于地理

1. 地理的社会意义

地理学作为一门学科，更关注于地球表面的物质系统，因而由自然及人文因素共同构成。

人文地理学考虑人地关系的互动，必然带有明显的区域属性，区域空间成为人文地理学关注的基本单位。因此，多琳・马西认为地理学把自身确立为“空间科学”，它研究的是空间规律、空间关系和空间过程。

但需要注意的是其所言的空间仍然是区域空间，是立足于不同地表物质环境的自然地理学意义上的区域空间，而人文要素的叠置后，区域空间科学一定是时空形式的统一体，如此才能有规律、关系、过程等概念。

所以，诸如某某区域的、某某时空演变等类似的内容，始终是人文地理学传统却又反复无常的话题。

＊

地理学关注地球环境的特征，而人类活动的基础也依赖于地球表面的地理环境。因此，地理总是能够与其他学科产生交集，并成为人类日常生活的平凡又神秘的前提。地理关注长远，包括辽远无边的过去和遥不可知的未来。地理也是一门即时性很强的学科。人类给地球带来的变化瞬息万变，我们需要作出同样迅捷的反应以消解人类的傲慢和愚蠢带来的恶果（丹尼・道灵，卡尔・李）。

只是随着经济发展与技术创新，人们有时似乎已经忘记了地理学庞杂而又交叉的知识范畴特性，试图用分明的界线来划分学科边界，却显得越来越困难。但人地关系始终需要地理的意识与视角来认识与维护，毕竟地球村早已形成。

＊

空间是一个涉及多领域的对象，地理学、城乡规划学、建筑学等都涉及空间这个概念，社会学、哲学等也无法脱离空间，空间有具体的，也有抽象的。人居环境科学所应对的空间多为物质的具体空间，因而空间必然会有尺度差异，从宏观到微观的不同层级导致空间的尺度感也呈递减的趋势，空间研究的方法很多。宏观层面的空间多为协调与管制，依赖于客观的数据表征；微观层面的空间多为创造与设计，依赖于主观的现象推导。如此一来，把空间研究缩小到空间设计研究，研究方法围绕空间设计而展开，必然会减少。一本研究传统聚落的小册子对此问题有所涉及，在此基础上进行加工，呈现出四种方法的核心目标，回头发现，始终是客观物质形态的主观转换或主观意识形态的客观响应。诸多方法的范式化手段特征对于社会性足够强的微观空间，是否真正体现出内在的社会需求与人性追求？

*

建筑学、城乡规划学、景观学三个学科都是人居环境科学的重要组成部分，虽然各自的研究对象不同，但都涉及风景、风土、风水三个方面的内容，并且在这三个方面均有重叠与交叉。

风景、风土、风水三者到底各自隐含什么样的内涵，反映什么样的核心，涉及什么样的意义，人居环境的营建或多或少都与它们有关。

“风”作为大气科学中的一个概念，是一种气象现象，往往是依据大地形势而营造的景致气势，是虚无形态下的实存，是依附于自然空间的自然能量。因而，山川形胜是构成此三者的共同基础。

风景是主观性意识符号，通过主体环境的景物构建，实现人们的情感搭建，因此，我们需要构思风景。

风土是互构性意图观念，通过客体环境的主观表象，实现人们的情感共鸣，因此，我们需要顺应风土。

风水是客观性意象体系，通过客体环境的景象表征，实现人们的情感反馈，因此，我们需要选择风水。

多年前的一张黄土塬上的照片，完美地展示出风景、风土、风水的共存。场景构建可能仅仅是不起眼的意趣和谐，也可能是人工操作的自然化呈现（图 10）。

*

城乡聚落是地球上人口聚集的重要形式。城乡规划涉及城乡自然环境与城乡社会关系的协调，始终绕不开空间的概念，而地理学的关注也往往会涉及空间。理查德·皮特说，地理学作为自然—社会关系研究的观点，似乎强调了本领域的一个方面（资源、自然环境），而牺牲了另一个方面（空间、空间关系），未来这种趋势也许会有所改变。

空间科学一定是在社会关系作用下被社会力量转化的地方化互动过程，而人与空间的互动又是历史进程中的共同阶段化联系，并非自然环境的人工推演，自然的社会构建和作为文本的景观都是空间人类活动的记忆再现。

*

古代时期的城市大多数是以农业为基础的小尺度、低密度空间，宇宙观念始终是神秘却又敬畏的规律，因而城市是缓慢、精巧，以人为主的生活场所。城市是一个缩小的世界，对城市各部分的布局是对宇宙观念清晰可见的表述，基本上反映了农业民族的观念（段义孚）。

图 10　乡村聚落的风土环境

乡土聚落的风土环境是乡土生活的生动场景呈现，有时并不需要外界的刻意装饰。

现代主义城市规划的最大特征是严格的空间布局划分，这种划分的依据是功能导向，是以现实的生产消费为核心的功能导向，这种导向是以快速发展的经济技术为支撑的，从而使城市成为以工商业为基础的大尺度、高密度空间。资本流动增长的规律需要消费活动与行为，因而城市成为快速扩张的、以资本为主的消费场所。

显然现代城市已经遗忘了农业，城市中生活的人也远离了农业空间和农业产品，现代城市规划已经忘却了纯净的宇宙观念，思维方式固化为资本快速积累寻找空间的价值导向，实践中转向以利润的增值而服务的趋向，抑或成为一项极为有目的的政策工具，匠人营国的思想还能否再现呢？

*

关于地理空间命名，虽然是进行区域及城乡聚落研究时关注的内容之一，但研究者更多是挖掘地名的地理意义与文化意义。

传统的观念是支持环境条件和社会反应之间的稳固联系，从一个村庄到一个城市，从一个国家到全球区域都有这种描述特征。地理空间的图式表达需要通过命名划定。命名一定是政治—地理的博弈化支配空间反映，是对地方管理支配的意识形态权力的工具。政治家们在为公共想象提供一幅全球结构图景方面，扮演的角色的重要性要远远大于关注该领域的学者（马丁·W. 刘易士，卡伦·E. 魏根）。

因而，带有想象或隐含含义的人工命名或多或少都是构建空间体系的重要手段。空间因为分化或整合而失去了价值中立的演变，城乡规划也是一种空间语言，因此，语言修辞的重新审视一定是有意义的。

*

地方感是城市规划设计工作时比较趋同的理想理念，规划设计方案总是要提倡回归地方、构建基地场所精神，形成基地使用者的栖息地。

但地方感一定不是孤立的，它不仅仅是把地方志中的历史沿革、文化古迹、人文风俗等内容摘录出来进行拼贴复现而已，人类共同体总有一些特征是共有的，社会与空间是相互关联的。多琳·马西认为，一种地方感及其地方“特性”只能建立在将这个地方同更远的地方联系起来的基础上。进步的地方感能够认识到这一点，且不会将这种与外界的联系视为一种威胁。

多元与包容是全球性的一种发展姿态，“地方性”的小空间仍然是全球性的“大社会”的一部分，全球地方感是必要的，也是重要的。

*

人作为高级动物，不但会顺应自然，也会改变自然，不管是哪种方式，人都有逃避的本性。趋利避害的生存本性，用“逃避”最恰当不过了，人与自然、人与社会、人与世界、人与人之间的关系都与人的生物性有关，都有逃避的动机。

逃避的过程中衍生出文化、创造、意识、想象等形式或手段，构成了人类社会的多样性。其中，文化是一个很重要的工具，段义孚说过，文化更多地与人们利用这样或那样的手段逃避自然的倾向联系在一起。文化是一个极广的概念，从人的身体到人的社会，从物质环境到精神追求。甚至人们有时为了逃避而开始使用符号表达，因此，人们离开乡村涌入城市，当城市产生很多问题时，人们又会逃离城市涌入乡村。虽然城镇化是人类社会发展和人类文明进步的大趋势，但从逃避的角度看，城镇化更多的是人看待世界的方式转变与看待自我的理解改变，城乡形态的对立或融合，也是"逃避"的环境归宿选择，很"强"的感悟力与很"大"的想象力是衡量人类"逃避"程度的重要标准，人是有思想的动物，人居环境建设始终带有"逃避"的色彩。

*

自然禀赋是一个地区发展的基础，不同居民点的出现并非意外，而是对已有资源的再利用。经济的本源是建立在资源的基础之上，资源的固定又会创造出资源利用的流动与变化。

每一个居民区都开设有至少一种或好几种有用的资源，作为自然馈赠的礼物已经就位了，这是来自地球过去的发展与扩张的一份遗产。假如那里没有已经存在的一种或多种资源，居民区也不会在那里出现的（简・雅各布斯）。

共生与分立会产生扩展的隔离与拓展的重组，自然人的居住是对资源的敬畏，技术革命之下的居民区已经由"居住"演化为"住居"，并摆脱了自然禀赋的单纯依赖，敬畏的缺失会使得居住者失去了生存的本能，而形成住居的失范习气，家园感已经渐行渐远。

*

自然的属性不是稳定不变的，而是人所探寻的环境域情的创建根源。站在城市成长的角度看，会发现自然的双重性是相互影响的，并共同推动着城市的发展。城市的解析不会脱离第一自然的基础和第二自然的保障。虽然地理环境作为隐性基础已经深入人心，但经济创造成为最急速的引擎。地理决定论的合理性在于造物传统的认同，而在此基础上的第二自然依然是自然的延续，是演绎人与自然永续依从的依从。

由此可见推动着地理决定论的隐性基础：大自然的运输通道在塑造城市未来方面可能起到重要的作用，但是决定哪条线路与哪座城市最快发展的，不是第一自然，而是人类为经济发展所做的先期努力，也即第二自然（威廉・克罗农）。

如此来解读城市的发展条件，才会从人类创造性的视角反思城市的发展动因与生存状态，但当城市环境发展到一定程度时，自然的内涵也会发展演变，自然的延续性最终会形成在自然中，创造新的自然人居环境场景。

*

地理命名是一项看似简单、实则复杂的工作。地理命名的依据往往是立足于命名者的地理意识与价值观念，而地理学由于侧重于人地关系的学科特征，更加强调地理知识的精英化，对于知识框架中的准则性原则也成为地理命名的主要基准。因此，地理学中关于隐喻的研究可以阐明不同文化和群体的本土地理意识与地理科学的标准知识之间的紧张关系。同时，它也能够揭示一些深嵌于学科思想和实践起源的价值假设（安·布蒂默）。作为自然力的土地是地理命名的前提，立足土地之上的近似描绘与精致表达才是谋取地理精神的历史现实与时代需求。

*

传统的城市区位概念往往是根据地理腹地空间而确定的，城市区位是固定的物化空间地点关系，更多的是通过空间距离来衡量。然而全球化时代下，城市的功能开始发生变化，不仅服务于传统地理区位下所形成的地理空间范围内的功能，也开始上升至全球化社会-经济交流互动关系之中，此时城市的功能所对应的区位角色与边界开始变化，开始上升至新的社会-经济联系区位体系中。

传统的城市区位分析方法根据坐标系式的思考将空间理解为经济活动得以铺展的平面，而大卫·哈维却提出了更具动态及历史特定性的观点。他认为城市反映了对抗性和持续变动的资本主义社会关系，应同时被视作这些关系的前提、媒介及结果。如此，则城市空间性的任何历史构造既是此前社会交往模式的沉淀与结晶，也是塑造未来社会关系演化机遇局限的网格（尼尔·博任纳）。

当前，城市化作为人类社会发展的主流，城市将成为未来地域空间中的核心，城市区位的界定也需要从地理形态向社会形态转变，静态的区位界定、选择标准也需要向动态的区位角色、认知转变。

*

城市腹地历来就是经济地理层面的概念，是人为的经济服务边界化空间的虚构化表现，由经济能级所产生的影响超越了自然地理范围。

城市腹地不能用自然区域来界定，它们完全是以城市为中心的人工制品。边界的扩张或者停止只有城市的经济力量才能决定（简·雅各布斯）。

然而，在信息时代中，流空间取代点空间。当信息空间的力量超越传统经济的范围并渗透到社会生活的方方面面时，城市腹地的界定将会有所改变。信息时代中的城市是全球化环境中的垄断性节点，全球城市体系下的城市腹地界定又一次成为更强大的人工制品。

*

经济中心往往是由某一区域的经济交易活动成本-收益的元素关系构架所形成的。传统的视野中，经济中心的出现往往基于其天然的资源、市场腹地或支持资源市场的地理位置，这些因素都可以视为先天禀赋的原始动因，但却忽视了维持经济活动的人为调整，毕竟经济行为一定是人为的集体行动，控制与管理形式可以累积成经济行为合理性的反馈回路，从而能够形成损失经济危机的应对策略。

原料与成品的交换关系，成为世界经济中心地区的重视对象，当产生地区间的经济活动时，原料和产品是最直接的成本与收益的载体，通过投入与回报之间的平衡调整能力，即经济谋算能力才是关键。如伊曼纽尔·沃勒斯坦所说，世界经济中心地区成功的秘密在于，以他们的成品交换边缘地区的原料。但是这幅简单的图景省略了两点因素：保持原材料低价进口的政治经济能力及在中心国家的市场上与其他中心国家的产品进行竞争的能力。

可见政治调节体制与市场互惠机制的交互共生才能为世界经济中心地区的诞生提供合理解释，从而产生经济地理学意义上的经济现象的地域性特征。

2. 地理的社会构造

工具是人类所创造的认识世界的帮手,因而工具是客观性目的描述的主观化途径。很多工具在客观世界中仍然逃不掉主观意图的改变，比如地图便是典型代表，地图的表现中总是夹杂着劝诱性特征。

在劝诱性地图中，地图本身变为一个心理学工具。这种地图的制作可能会用到一整套设计，包括颜色、投影、地图的顺序、大小关系、符号、特殊箭头以及边界。这些地图被用来诱导读者，而不是平心静气地将观点告知读者。纵然有些劝诱性地图包含不可容忍的错误，但地图和地球仪作为教育的象征和同义词，其权威性仍能发挥作用（诺曼·思罗尔）。

作为工具的地图，通过信息的主观改变，向人们传递着“正确”的观点，从心理上让使用地图的人改变其固有观点，形成和接受被“劝说”的观点，最终为经济、军事、政治等目的提供重要的辅助。意识形态现象就是心理学现象，工具作为社会物质关系与思想意识之间的联系中介，依然是理性本身的理性。

*

随着信息技术的快速发展，传统的印刷式地图已不常使用了，取而代之的是依附于移动设备的电子地图等卫星导航方式。移动式电子地图的确给人们的使用带来很大便利，但同时人们也失去了主动欣赏传统地图的“阅读”能力，而仅仅单纯地将其被动地机械化使用。

卫星导航是为“傻瓜”准备的军用软件。开机，输入邮编，然后它就用特定的词汇告诉你一步步到达目的地的精确路线。它让驾驶没了困难也没有了乐趣，让地图不再有挑战也失去了满足感（西蒙·加菲尔德）。

当丢弃传统地图时，人们也丢弃了思考地图语言的机会。移动设备上的“最优”信息方案往往会绕开人们的思考而直截了当地指挥着人们的活动路线，人们的行为路径终究变成了信息的指控结果。观察地图—想象世界—融入生活的有趣行为从此变成了历史，未来传统地图的价值还会在哪里？

＊

地图是人类对自然环境印记的再现方式，是一种空间表象性质的空间生产类型。但由于地图的表现形式往往忽视了现实情境，就会出现形式秩序与自然秩序的不一致。如詹姆士·斯科特所说，在标准的现代地图上，一公里就是一公里，不论地形或河流的状况什么样，从这个角度说，现代地图是误导的。如果有平静的可以通航的水路，三四百公里远的居住点也可以有比较多的社会、经济和文化联系，而在崎岖不平的山区，30 公里甚至也不会有这么多联系。

即使当今的信息技术已有所突破，但复杂地理环境中的地图内容合理反映与价值判断仍然需要精微化。地图的意义与价值要立足于恒久的生活试验，而非完全脱离人的技术化获取。

地图的表现也要从摒除错觉化的工具记忆掩盖回归到反映出深层隐含意义的记忆形式中。

＊

城乡规划工作者对城市网络卫星地图有着天然的爱好，受益于网络信息技术的红利，人们能便捷地通过网络地图软件来鸟瞰整座城市，观察城市街道、广场、建筑等空间要素。如果说城乡规划工作者或多或少依赖于网络地图软件是为了工作需要，那么普通人群对地图软件的使用主要是为了生活的便利，它逐渐开始成为人们日常生活的交往工具，并形成高度依赖的趋势。

空间定位的范围延伸至全域，时效延长至全时，人们通过网络软件能够准确快速地查询地点。一切人的行为活动都开始借助于导航功能，使得人们的行为轨迹失去了人的兴趣随意性，人的行为已经成为软件指派下的行为。正如斯科特·麦夸尔所说，我们在寻求便利性和控制的同时，需要警惕不要将对社会交往的管理权让渡给软件。在最简单的层面，比如说在使用了个人定制的数字导航系统之后，人们就不需要向陌生人问路，像问路那样接受或给陌生人建议的社会技能和日常活动逐渐被“智能设备”取代。作为风险，在我们最需要这些能力的时候，与陌生人在城市中共处所必需的能力却已经慢慢萎缩了。

网络软件固然便利，但其仍然是模式化的机械成果，仍然是人造空间的机器感知反馈，仅仅是技术设备环境稳定下的生活辅助工具。当这些环境发生变动时，当人们面临非全域全时状态时，交往的本质仍然是需要有温度的人群。

*

城市与乡村诞生的先后顺序历来就有很多争议，经济增长是一个研究视角。简·雅各布斯从城市经济增长理论入手，提出人们往往把城市经济发展的结果误认为城市经济发展的前提条件。人们往往认为农村发展在先，农业经济聚集形成城市，城市诞生于农村之后。

其实，完整清晰地划定城市与乡村诞生的次序意义不大，最主要的是城市与乡村的活动类型有较大的区别，而不同的活动类型总是相互联系的。我们习惯将耕种视为农业活动，因此特别容易忽略一个事实，即新的耕种方法往往都源于城市。

从经济增长角度看，由于城市人口众多，经济类型多样，可选择的经济活动更加复杂，人们往往能够花较小的代价来模仿，而不用太多的试错，是低成本的活动集合，而在模仿与试错的过程中，创新的可能性更高。创新是基于大量的模仿与试错形成的，由于创新才能形成新的活动类型，劳动与分工的类型可能性同样会大量出现。

所以，我们应该看到城市与乡村是互相依赖、相互流通的人类聚居区，只是人口数量多少的区别。多类型、多元化、多样性是催生一次次人类进步的创新之源，人类聚居是复杂的差异化组合。

*

城市规划对一座城市未来的把握很难将外部因素排除，并且城市发展的外部因素会呈现出很大的变动性。而全球化对城市的发展产生了很大的影响，从城市所处的国家来看，全球化已经超越城市—区域范围，而外溢到国家—全球范围。人们都认为全球化是国家与国家之间的交互，城市是其承接节点，国家对城市的管控特征不会被全球化取代。

但是，全球化现在极易悄悄逃出国家的控制，并一点点地萌芽和壮大，甚至直接无视国家的任何监视意图。全球范围内的相互依赖性，无法控制地、完全不可逆转地持续进行着，国家要使自己兑现所有任务，已经是完全不可能了。这是一个大势已定、预料之中的结局（齐格蒙特·鲍曼）。

全球化背景下的城市不仅是行政—区位中的国家城市，同时也是全球范围内的超国家城市，由城市构建成的全球化城市体系也对城市规划提出新的挑战与机遇，毕竟未来城市的发展不是自身动力的扩展，而是自身与外界互动的强化。

*

城乡规划视野中的城乡空间，一直以来都是以物质特性为主，毕竟物质空间可以通过规划来改变甚至创造，但城乡空间由于人的关联而变得人文化和意义化。因此，同样涉及空间对象的人文地理学领域为物质空间注入人类行为动机的情感，使得作为物质化容器的空间成为地方（场所）。

地方的出现为人与空间的情感联系建立了感情体验途径，地方感成为社会空间中支撑社会交往的意义所在，地理学可以成为勾连人地情感纽带的透视工具，人类与环境问题本质上应该是对地方感进行地理学的想象，如同亚历山大・B. 墨菲认为，地理学对人类与环境问题的关注，需要探明联系地方与地方之间的网络与交流，研究一个地方的生产与消费行为如何影响另一个地方的人文与环境互动。它还意味着，需要从批判性的角度，审视分析与解释自然和社会互动的空间尺度框架。

当城市时代成为新人居环境的新发展背景时，空间的实践也需要转向空间的再现，现实存在与诗意空间都可以塑造归属感的表达，地方的人文与环境互动构建要比人文与环境互动的地方颂扬重要得多。

*

城市往往具有异质性的特点，从芝加哥学派开创的实证性城市社会学开始，城市的生活方式就成为城市社会的重点研究对象。段义孚说，城市为我们展现的远不止优美还有崇高。城市展现出的崇高，是一种交织着压力和痛苦的提升生活的体验，这是因为城市不仅拥有生命和光明，亦充满黑暗和死亡。城市的生活方式既有圣界的感受也有俗世的体验，异质性是城市生活方式联结空间固定性的流动展示，城市生活信念既要有程序性共识，也要有实质性共识，提升生活离不开社会关系的重建与社会治理的反思，社会参与义务联结能否为城市中快乐又辛苦的谋生者创造集体福祉呢？也许只有通过高度多样化的社会参与才有可能理解社会化过程中提升城市生活的体验。

*

城市规划是一项包含空间也包含时间的工作。空间与时间可以通过图示语言来体现，而随着信息技术的外显标记化，地图成为城市规划工作开展的重要辅助甚至基础，但城市规划仍然有其独特的时空重叠的行为特征。

城市规划是空间与时间的合理化搭配，其街道、建筑、桥梁及道路都是时间性的指标。地图使我们掌握了一个轮廓、一个形状、某个定位，但掌握不了通过城市本身的环境、文化、历史、语言、体验、欲望和希望。后者穿透了地形的逻辑，溢出了地图的边缘（艾恩·钱伯斯）。

因此，城市规划工作依然是非地图化的时空构筑行为，只是借助图示意图来提供未来融合时间空间的想象。在此特征之下，城市规划给城市提供了社会期待的规范化公共政策，也成为记述城市空间与时间双重社会化建构的参照样态。

＊

微观层面的城市规划往往更加关注场所环境的思考与再建，而地理学特别是人文地理学，更加注重人文形式与地理环境的关系阐释。城市规划可以借鉴地理学的地方性理论进行空间的场所化行为指导。然而很多城市规划行为并没有深入解读空间与场所的理论体系，缺乏场域的可领会性，更多的流于形式，也缺少主体间性的非均质化建造。地方性成为城市规划师最常见的刻意观念或理念，使得地方性总是对抗现代化空间，甚至成为必然的现代化空间更新改造的场所精神塑造手段。

爱德华·雷尔夫认为，太强烈的地方性可能会导致狭隘的乡土观念，而太突出的无地方性则会导致因看起来相似而产生的混淆与沮丧。在独特性与相似性所构成的张力中存在着大量的可能性，而这样的动态张力带来的可能性以及多样性，可以让地理学与它所探讨的众多地方总是充满趣味。

城市规划师眼中的地方性，更多是借助于规划引导主体想象的意义构建，生活本身的关注总是同质化的简单体现，场所环境的规划设计在此过程中只是一处被感知的背景存在，而非生活的场域，在试图进行传统的再造过程中，无论如何都会流露出乡土观念的建构意图。独特性与相似性所构成的动态张力会产生很多可能性，地方性的展示程度才是实现地方性价值的关键。

＊

现代城市规划的重点工作内容之一就是建设项目选址，从城市到新区、从工业区到商务区、从公共服务设施到居住生活片区……而在涉及不同功能的用地选择时，唯有园林宅院与人的审美、心境，以及与文化的约束或要求有更直接的呼应，因而，园林宅院总是起源并长存于古代时期。

《园冶》中说：相地合宜，构园得体。古人在建造园林宅院之前，有个必不可少的准备工作就是相地，即踏勘选定园址，对整体布局有个大致的规划，在此基础上构筑成园。

古时的相地与现代的选址有共同的目的，但两者在具体的工作方式、理论价值层面有较大差异。前者着眼于整体，以宇宙图式的易学理论为支撑，形成稳固的理论范式，从而渗透到百姓的生活文化中；后者着眼于局部，以原子图式的商学理论为支撑，形成变动的理论范式，从而扩散到人们的生产文化中。

文化价值从生活意义演化为逐利特征。段义孚说，文化的主要任务之一就是加强社会的秩序性和稳定性，所以它才会制定出各项规章制度。现代城市规划也是一项规章制度而已。然而，古时的相地方式出现并延续至今，传统文化指引下的建成环境仍然会形成秩序性和稳定性社会构架保障，古代的造园者与相地者在现代社会依然存在，只是在现代逐利时代下，偶尔会想到它，但生产代替生活的意图仍然让人们沉迷于超越生活的工作中。

二、关于人居

1. 人居环境的人文价值

人居环境的可持续建设是一个古老的话题，人居环境是人类改变生存环境的直接成果。在漫长的历史发展中，可持续始终是人居环境建设的原则之一，历史上人口数量少，人类社会的组建是单元式孤立化的，经济发展程度为前工业时期的传统农耕方式，人与环境的关系是融合的，即使有环境问题，也依然是地方性的问题。

而在工业化时期之后，人与环境的全球互动开始出现，永续发展逐渐被非永续方式代替，减少、剥夺、消失、灭绝等字眼开始改变着人地系统的结构平衡状态。人类只关注见效较快、影响微弱的经济增长，而忽视运作缓慢、影响深远的生态增长。

正如约翰·R. 麦克尼尔所说，人类为自己所构建的大规模社会与意识形态系统，往往会为环境带来严重的后果，其程度并不亚于对纯粹人类事务的影响。在 20 世纪各种观念、政策与政治结构的漩涡中，对生态最具影响的可能是对经济增长的迫切以及对安全的焦虑（两者并非毫无关联），而这两者也主宰了世界各地的政策。

如今，当我们面临全球人类族群的社会现状时，应该从普通民众到政府官员、从国家到组织，改变既往利益的观看视角，需要检视环境问题的全球化。可持续发展不仅是一个口号，持续增长一定是有约束、有调适的增长。

*

人类对物质环境的所有情感纽带即为恋地情结（段义孚），恋地情结是关联着特定地方的一种情感。

人类发展史告诉我们，原始聚落是人类生存状态的最初培育环境，乡村聚落又是城市聚落的演进源头。

回顾历史长河，城市化这一独特的人类现象改变着人类的生存状态，同时也改变着人类世界。

段义孚认为，从文化演进的时间尺度来说，城市化运动的兴起和随之而来的超越观念的发展，剪断了人与地方性连接的纽带，打破了新石器时代所具有的就地取材的孕育型社区。

人类对生存环境的探求只会一如既往地向前吗？是否会有片刻的停顿以便回首之前的生活方式而重塑探求的态度？

*

定居是聚落形成与壮大的前提条件和根本动力，虽然仍有流动性聚落的存在。定居的直接表现是房屋构成了重要的家产，而家产意味着房屋建筑与生活生产行为形成直接的生存意义－经济价值的连带功能关系。

在定居语境中，房屋不再仅仅是挡风遮雨的临时性居所，而成为人们财富的一部分，在人们定居下来和房屋所有权固定下来之后，社会生活就自然地产生了（利普斯）。从此，聚落社会开始形成，并借助房屋环境构成社会网络肌理。财富积累、支配、谋算与房屋建筑相互增色。定居视野中的房屋成为有意义的房屋，从纯粹的物理环境转向财富积累的物理空间再生产。

“物理－空间－人”通过有意义的房屋塑造了人类社会的“定居”形态，房屋也成为家庭基本价值的呈现依据，聚落终于成为涵盖间隔与处所的家园世界。

*

定居是人类居住形式的重大变革，至此，人类才开始出现农耕生活，进而形成村落乃至城市。定居是形成城乡聚落结构性力量的重要基础，也成为经济分化与社会分层的根本动因，并为家庭结构的核心化培育提供了保障。利昂·费斯汀格说，舍弃流动的生存模式而转向定居生活，极大地消解了人类繁殖的内部生物制约。人类种群规模开始急剧增长，并成为一种反复被“解决”但始终与我们共存的难题。

从此，定居成为深层次的人类生存资源配置的起因。把定居放置于人类社会的历史演进中考察，应该考虑其动态自致性，而不仅仅着眼于静态先赋性，互动共存的生存模式准则始终是文明社会裂变与聚合的审视命题。

*

城市的选址在古代时期极为重要，特别是冷兵器时期的城市选址总是要借助自然环境形成防御基础。防御成为城市选址的最初动力，而符合防御的自然环境基本上有地面与水面两种选择，这两种形式或组合形式是最能直接抵抗冷兵器进攻的方案。

在前火药时代为城市选址，地面和水面的军事防御几乎在所有情况下都是重要要求。无论如何，城市的建立者都会寻找一个天然要塞作为其城堡建立的位置，并且这一区域同样能够满足城市其他部分的修建。

因此，军事条件的历史特征决定城市的防御方式及所采取的应对策略。在此基础上，它才能发挥城市内部功能，从而形成有限边界和容量的城市空间。而当新的军事条件形成并呈现，传统的防御手段不能应对时，城市的选址就会将自然环境的生存防御性转化为自然环境的生活保障性。以今天的眼光来看，城市的选址原则也是人类生存演化中的必然经验，而这一常识之下的集体生存抗争，也是在城市选址的策略原则下所呈现出的种种共竞共存路径。

*

选址是城乡规划工作中的一个重要内容。从远古时期的帝国都城到现代时期的新城再建、从大都市到小村庄，都会涉及在营建之初的选址问题，而在中国的传统文化中，选址的本质就是择地，择地面临着很多要考虑的因素，既有自然环境的限制，也有人文社会的要求，特别是在前科学时期，择地的首要原则受“堪舆”观念的影响。然而，在科学时代中，“堪舆”又面临着一定的思想挑战与科学质疑。

如果从社会影响的角度看“堪舆”，其存在的价值依然是让择地行为有所遵循，通过“堪舆”观念来约束择地活动的盲目与随意。无论如何，“堪舆”始终是一种科学时代的传统观念遗存，而“堪舆”观念的初心仍然是美好生活的营建。

*

移动耕作从来不是原始和落后的，如同游牧一样，部落成为移动耕作的社会组织形式，并形成资源与政治双重束缚的社会边界。以往对移动耕作的理解总是从他人归属的角度去看待，将其视为边缘与异域形态的存在。但如果从生产方式的理解角度扩展到政治认知，我们会完整地认识到移动耕作的逻辑自洽。

如詹姆士·斯科特所说，在大多数情况下，移动耕作都是抵抗抢劫、国家政权建设和国家征用的最普遍的农业政治策略。如果将崎岖不平的地形看作距离阻力是有道理的话，那就同样有理由认为移动耕作代表了应对征用的策略阻力。游耕最关键的优势就是其内在对征用的抵制，这是一个政治利益，但反过来也带来经济收益。

历史过程中的维生技能如今仍然存在，隔绝机制虽然会随着经济的发展而有所变化，但自我保护的惯性甚至本能永远不会消逝。

*

自有农业后，人类的农耕行为已大量降低了地球土壤养分的供给。在城市出现前，情况其实相当温和，因为植物从土壤中所吸收的物质经短暂或长期停留在动物或人体消化道及组织后，绝大部分很快就回归到土壤中。但有了城市之后，人类社会借由在土地上进行农耕与放牧来进行系统地输出养分，这其中有的回归到土壤中，例如将人类排泄物收集至农民处作为肥料（约翰·R. 麦克尼尔）。

粪便是城市中主要的固体废物，城市中每时每刻都会产生大量粪便，对城市环境影响很大。而其收集、清运、处理也是城市环卫工程系统规划工作中的重要内容，只是人们多关注高楼林立的城市外表而忽略这些脏恶的源自自己身体的东西。城市是高密度的人口区域，目前主要的粪便处理方式是直接或间接（经化粪池）排入城市污水管道再集中进入污水处理厂处理；或者由人工或机械清除并转运至城市粪便收集站及处理厂处理后用于农业。两种方法各有利弊，第一种方法经污水处理厂处理达标后便捷地排放到水体，这对污水处理厂有更高的要求，第二种方法花高昂的清运成本运输到城外，对机械化工作有更高的要求。

未来，当城市规模很大，农业用地又减少时，昂贵的农用肥料又需要从城市中心向更远的郊区输送，人们从农村走进城市，而人们的排泄物又从城市走进农村。

*

现代社会快速的技术发展，导致很多固有的观念发生变化，其中人居环境的尺度、规模都从宏大构建向微小利用转变。除了生活方式的变化外，技术的变化才是人居环境观念转变的核心动因，在不可逆的现代主义潮流中，价值观念的标准化开始向生活操控的标准化扩散，而城市与农村的关系也从差异向标准演变，农村在现代化过程中脱离了传统并无限地向城市靠近。

让·鲍德里亚说：农村，地理意义上固有的农村，似乎是一具废弃的身体，它的扩展是不必要的（最终它甚至厌倦于反驳），因为所有的事件都凝聚在城市中，它们本身处于还原到数量有限的几个小型影剧院的过程。

农村景象的城市趋同表象化，本质上仍然是站立于城市视角的功能操控置换，而农村的集体自治已然被改变为极速的城市微观生活的整体替代。

*

文明/野蛮的世界观是源于群体等级—政治话语的社会/国家关系视角而建立起来的，中心—边缘的世界体系所形成的话语构建形成了文明/野蛮的解释主体，世界变成了少数人的世界观，而少数人的看法成为剖析世界的新话语。

文明/野蛮的特征界定源头根源于饮食特征。“生”和“熟”是两个概念，即现代语言学所说的“能指”，在中国古代经常用来标记已知世界文明发展的不同阶段。也就是说，像古代中国人自认的文明社会，是“成熟”的；而通常处在其社会文化边缘的社会，是野蛮的或“生涩”的（王晴佳）。

作为生存本源的饮食方式会从生存文化转变为生存文明的预判前提。如果说古代中国传统的生熟概念仅仅是从生存机制来反映文明层级，那么当今社会中的文明/野蛮已然从生存机制向政治动机转变，世界从来不是大众的认知感应，世界的本质始终是思想话语的偏见。

*

财富的概念很宽泛，而一座城市的财富应该是生活在城市中的人，而不是城市的经济数量。我们这个社会共同持有的一种信念就是，财富是成功的一个肯定的标志。这样一个世界也许会鼓励努力工作，但对许多人来说，为此付出的代价却是一辈子都在过着一种压力巨大和担惊受怕的生活（乔尔·查农）。

城市生活是保存城市财富与再生城市财富的容器，而营造城市生活又是城市财富稳定增长的重要保障。我们要认识到如何营造城市生活以及如何构建城市生活的衡量机制才是城市的价值所在，城市的价值才是城市财富的发源之处，但显然这很难。

*

许多社会科学的理论推演都借鉴于生物学，生物体都遵循着摄取能量与自我成长的原则，经济学领域也同样如此。经济学的本质如同简·雅各布斯所说，通过分化及其组合实现的发展和共同发展；通过对能量的多样及多重利用实现的扩张；通过自我补给实现的自我维持。

在此基础上，我们观察人类聚居地，会发现在城乡聚落的发展过程中也呈现出分化、组合、利用、补给、维持等特征。经济的首要基础作用总是能在人类社会发展过程中起到作用，经济理论的推演也扩散到社会学理论中，从社会达尔文主义到芝加哥社会学派都是如此，只是经济—社会的共存演变有时需要一种解释，有时需要一种验证，理论始终都是寻求并提升机制阐释的手段。

*

城市让生活更美好。美好生活到底是什么样的特征？安居乐业是很难界定的状态。资本的力量很强大，人们为了追逐资本，努力地放弃自我而去追求身外之物。城市的高度集聚提供了更多机会，于是人们纷纷涌入城市，成为组成城市的累加零件。

我们对美好生活的追求不断地被我们为谋生而付出的努力所扭曲，在追名逐利的过程中，错失了作为完整的人而活着的机会。人们沦为他们的家具，他们的房产，他们的头衔，他们的职位的奴仆。因而他们也就失去了家具或财产会带给他们的那种直接的满足感（刘易斯·芒福德）。

因此我们会发现光鲜亮丽的都市形象背后，依然有乡村生活的习俗存在，乡土社会被解构于城市中，但又重塑为美好生活的价值导向。

隐世、隐居、隐逸等归隐田园的闲居现象总是置身于乡野环境之中，而又远离都市生活。

闲居也许是美好生活的目标之一，然而城市化进程中的芸芸众生只顾着追求“居”

而忘却了“闲”，或者仅仅是为“居”而“闲”并非为“闲”而“居”。

*

城市规划所关注的空间是比较特殊的概念，一方面，土地开发上的人工建成环境是物质环境空间；另一方面，规划建设完成后的人居环境是社会环境空间。

然而，人居环境仍然是“人居”的环境，因而始终离不开人的立场。

我们需要理解日常生活中的社会过程所展示的空间组织。

因此，德雷克·格利高里和约翰·厄里认为：空间被视为一种附带现象，一种对人类意向性或社会结构的“编码”或“映像”。这意味着就空间组织被称为空间组织而言，任何对它的解释不得不在一种主要是“空间的”或者一些人所偏爱的“组构的”社会理论内部寻找。

空间组织总是空间关系的形成方式，同时也是空间关系的构建途径。

*

分析城乡聚落空间时，空间结构是一个重要的关注视角。而同样在城乡规划中，空间结构也是体现空间布局的简洁方式。但一般来看，此时的空间结构仅仅是二维平面语境中的元素拼凑与秩序重组。

当我们将空间与社会勾连时，会发现空间结构的构建离不开社会结构的解读，只有二者有机结合，才能真正支撑空间结构的价值。而在传统社会中，空间结构与社会结构更体现出相互的扶持。

亨利·列斐伏尔说，只有村庄或教区具有社会的与空间的结构，此结构能够使人群适应其生存条件（环境、占用的地方、时间的组织）。确实，这些和谐的（社会）身体，或者诸如此类的和谐的（社会）身体，也依赖于一种严格的等级制和各社会等级之间的某种平衡。空间独自充满意义，具有完整的意味性。它公开对每个人（即对每个等级、阶级、年龄或者性别的成员）宣布什么被允许，什么不被允许。个人所处的地点规定了个人的角色。维持共同体的平衡需要美德、尊敬和服从，需要把风俗作为绝对的事物来看待，而这一切在大城市里都消失了。

可见，城市中的空间结构与社会结构是分离的，如若仅靠城乡规划来确定空间结构，而没有将社会结构作为逻辑支配来推演空间结构，社会排斥化的空间一定会出现，社会结构的转型有时并不是理性契约式地需要生活意义。而城市空间结构的技术设置也不能偏离社会结构的探视。生活场域一定是空间与社会的双重结构联动所构建的。

*

城市社群与乡村社群的形成及社交方式的不同，主要是受血缘与业缘的社会关系机制所调动的，但城乡社群在地理空间上也遵循着城乡空间尺度的不同而发生变化。

在前信息化时代中，城乡社群的范围是受到生活地点的约束而形成的，但信息化的出现开始改变并瓦解城乡社群，特别是在城市中，集聚效应急速地为城市社群的生命体验提供了便利的场所。

陌生人的汇聚让城市生活借助于新技术的辅助，形成有选择的优先次序所支配的社交网络，从而形成虚拟网络化的是社群交往新形态。

现在许多人已经习惯了大城市的生活，城市的公共交通系统让我们能够更快地从城市的一边抵达另一边。许多人现在也习惯了手上拿着一个电子设备，使自己跨越地理空间，随时融入动态的、活跃的社群。即便如此，大多数现代城市居民仍然倾向将自己嵌入小得令人吃惊而且往往分散的社交网络中，这些社交网络便构成了他们各自的社群（詹姆斯·苏兹曼）。

交往的个人信仰从族群团体化向社群个体化转变，而在信息时代中，团体与个体之间又由于社交的信息技术化而发生微妙平衡。分散的社群通过有选择的方式构建成新时期城市乃至城乡社群相互交织的新关系网络。

*

从城乡规划角度看待一座城市空间秩序时，空间隔离都是比较排斥的现象，公平正义的道义倡导空间的公平。然而，现实生活中，城市的空间隔离现象很普遍。关于空间隔离，人们更多地从经济－社会的分析框架进行剖析，有时还会增加宗教—文化的视角进行补充，但如果从人类生物性角度看，似乎空间隔离是一种必然的人类社会组织的空间呈现。马克·W. 莫菲特认为，并非所有的空间隔离都有负面效果，尤其是在繁华程度和社会地位差别不大的群体之间。因为族群社区可以简单地反映出人们寻求相似人群的愿望，这种自我分类是个体选择所带来的一个让人意想不到的结果，而个体选择可以追溯到当初狩猎、采集者生活在社会团体时所进行的那种更隐晦的分类。

有时空间隔离的现象会产生一种矛盾的阐释逻辑，不同立场的阐释者并不可以轻易地更换环境，解释、体验空间隔离总是比认同、依附空间隔离容易，多元与包容的协调路径是一个很难规制的人类社会进程，人性是生物性与社会性的共同体。物以类聚、人以群分是必然的吗？

*

都市生活能通过城市规划演变为均质的状态吗？对无差异生活的向往逐渐变成了都市生活的日常特征，邻里也日益分离，城市规划者试图创造一个没有冲突的社区。企图逃避差异和矛盾情绪结果却导致了暴力策略，即试图同化或驱逐文化差异（尼克·史蒂文森）。

但现实生活中我们总是会发现当人类社会为了商业利益或对抗敌人而相互依赖时，

这种依赖感并不会减轻他们对自己所具有的差异性特征的重视（马克·W.莫菲特）。

商业利益或对抗敌人是人类聚落从诞生之初就带有的属性，城市由防御式城堡与交易式市场结合而成，而城市规划也一定是围绕这两个方面进行，差异不会消除只能共存，这才是城市生活复杂性的源头。流动与变化能否形成平权理想下的城市生活模式？

*

城市研究中，人们借助相关理论来认识城市的各种现象，而城市规划作为优化和引导城市发展的工具，总是通过带有强烈的时间性特征进行未来时期的预判与安排。城市规划与城市发展之间总是存在着主体规划者观察城市他者的异时性特征，毕竟生活在城市中的人都处于现时性状态中，规划者眼中的城市同样是他者。

于是，城市规划语言成为体现城市规划工作符号系统的主体－客体关系建构的表达形式，从而一定程度上表现出知识建构表征的理论，正如文化的符号理论一样。文化的符号理论不可避免地要以解码的主体和编码的客体之间时间的距离化为基础，这一主张显而易见难以“符号化”地展现出来，这样一个计划必定迷失于符号关系与符号关系之间无限次的回归（乔纳斯·费边）。

从这个视角看待城市规划，可以探视出城市规划的符号系统特征。规划者所关注的城市与城市生活群体所依赖的城市是异时异点的关系。表征关联、信息交换、意义创建成为城市规划存在的前提，而意念生产、创造实践反而成为符号化空间视觉的对象表述，最终形成不同立场下的共时—现时性“互通”关系。

2. 人居环境的社会营建

社区是社会的基本单元，由空间形态与社会秩序共同构成，但这只是社区的表面特征与形式，而社区意识才是人类社会群体共同的想象与支撑。最初的共同体是社区雏形，但并没有产生社区意识，社区意识与社区之间并不存在塑造与支持的关系。

如彼得·德鲁克所说，除了重建公民意识之外，我们同样需要重建社区意识。在知识社会，传统社区的凝聚力早已不在。知识赋予个人来去的自由，传统社区也因此难以维系。我们现在已经了解，传统社区的维系靠的不是社区成员的归属感，而是他们的生存需要——他们别无选择只能如此，如果不是因为被迫或恐惧的话。

因此，只有在传统社区的发展阶段之后，在现代社区从知识社会中重构之后，在生存问题向生活问题转变之后，社区意识才会成为新的社区归属感，从文化自觉到社会自觉才是未来社区在知识社会中持续发展的思想变革。社区的文化认同会扩展到社会认同，地方认同也从场所精神、文化维系向社区意识转变。

*

社区是城乡聚落的社会单元。在传统的城乡社会中，社区总是被界定在某一地理区域之中，即社群生活环境建立于地理区域之中的集体文化维系和内部归属生成，无论社区的特色如何，地理区域始终是基础。但随着信息化时代的来临，社区的传统概念也开始出现变化。

齐格蒙特·鲍曼说：在过去，人们围绕物理上接近的邻里社区，重复进行面对面的接触，从而被整合在一起，形成各种群体。同样，在信息时代（化身为“网络”形态）的人们，则围绕那些由于某种原因被认为值得信任的权威的信息传递者，而形成群体。

信息时代中人们总是怀念过往，技术的力量使得信息流通极为快捷，地理环境的约束不再重要。由于摄像头与智能手机的出现，加上全球互联网的出现，人们的认知视域扩展到整个全球空间，终结了根据物理距离来界定的“社区”概念，并把“邻近性”的可到达性和熟悉性与“遥远性”的不可接近性和模糊性区分开来（齐格蒙特·鲍曼）。因此，社区营造也会变得不同于传统意义上的物质环境改善，集体记忆的呼声终究是微弱的，现代性中的场所精神也化身于信息的网络之中，真实的信息与虚拟的信息混杂，催生着社区群体突破传统社区的身份归属，并且随着全球化的加快而形成流动性的脱离传统地域限定的新生活环境。

*

社区的诞生与消失与社会的发展状态有关，社区是一类小的社会，是由人的交往活动所形成的居住区生活—社会集合体，但社区也是具有生命力的，不同背景下的社会对凝聚力与生活意义的解读是不同的，社区是个人－家庭的直接延伸，是人类社会中较为稳定的组织机构形式。

因此，虽然时代在变，个人价值乃至家庭形式在变，社区的作用仍然是塑造社会道德力量的重要维度，而随着城镇化、信息化社会的发展，个体化开始解构乃至消解社区甚至家庭。社区意识对社群观念的反思也值得重新思考：个人－家庭－社区的连锁效应是否面临解体？如彼得·德鲁克所说，即便是这样，家庭也无法取代社区。人们之所以需要社区的愿望那么强烈，主要是因为随着人口的增长，人际关系愈加疏远，无论是城市还是郊区均是如此。过去的乡村生活是那么美好，邻里之间有着共同的爱好、共同的职业，甚至共同的无知，彼此相互依靠，共同成长，但这样的日子早已一去不返了。即便是亲情无价，现在也不能处处指望家人。现在交通越来越发达，职业流动性越来越大，我们再也不能期望永远固守在自己的乡土，永远浸润在出生地的文化之中。因此，知识社会（尤其是知识工作者）需要重建社区意识，这种社区意识必须构建于成员之间相互的责任与认同之上，而不能仅仅局限于一定的地域。社区的形式会发生变化，但社群生命的整体观照仍然需要社会生活的群体情感原则，人际互倚关系才是社区集合的源头。

*

城市与郊区的关系在不同的地区呈现出不同的特征，虽然仅仅是空间区位的不同，但城市与郊区始终是相互联系却又对应的关系，城市的边缘是郊区，郊区的中心是城市，但从城市化过程中看待城市与郊区的关系，二者也能反映出城市化进程中不同阶段的城市发展状况。

郊区和城市转换了历史角色。现在城市代表着秩序、稳定、社区和人类的尺度；郊区成了持续改变、无节制扩张、失控的技术力量以及市场规则的代表。而曾经城市象征着无情、冷漠的世界，郊区象征着宁静、家庭和自然，这两个世界几乎都彻底颠覆了它们曾经代表的地域（亚历克斯·马歇尔）。

城市规模的无序扩张，一方面是主动地扩大地域空间，另一方面是被动地脱离混乱环境，但二者的优缺点总是相互转换的，反抗与回归成为城市与郊区的整合动因，不同形态的人居环境总是被纳入整个社会发展的解释范畴中，乡村的城市化与城市的乡村化是人居环境相互代替的价值形式，也是自然意志与理性意志的结合，动态变化性一直是人居环境变迁的形式展现。

*

美国的郊区化是全球城镇化过程中独具特色的一种现象。郊区化是大城市扩展的趋势，但一般国家及地区总被单一的因素所限制，因此，城市郊区化现象并不典型。唯独美国的多元化复杂因素才形成独特的郊区化现象。

城市的空间布局并不十分依赖于某种理想，而是更加依赖于经济；不是十分依赖于国民的习性，而是更加依赖于工业发展、技术进步和种族的融合（肯尼思·杰克逊）。

郊区化涉及地理、经济、技术、政策、社会等多方面，郊区化过程是一个综合的城镇化现象，而郊区化又是城镇与乡村界限模糊化的过程。

人的谋生方式仍然是喜好郊野生活，却又依赖城市生活。郊区化应该看作是城市发展模式的一部分。

*

房地产是现代城市建设的重要力量及主要表现，住房问题是当今城市社会的热点问题。当前许多新型城市社区又是城市房地产的新生区域，住房成为如今城市生活的主要消费对象。作为集体消费的城市，消费政治的建立一定是与生产政治相关联的。曼纽尔·卡斯特认为国家机器对消费过程和消费单元永久而持续的干预，使其成为日常生活中真正的秩序来源。我们广义地把这种干预称为城市规划。

住房是现代城市的重要商业产品，商业的功能支配性不仅表现在政治上，也表现在空间和时间上，城市规划助推着房地产，拉杰·帕特尔和詹森·W.摩尔认为生活机会分配和阶级斗争不仅发生在工作领域，也发生在住房消费领域。因而，住房市场就是城市社会组织和空间结构的交汇点。

人们热衷于置业从而形成新的社会组织和空间结构，住房追寻着一种私人的权利，特别是在现代社会中，如同安东尼·吉登斯所认为的，社会关系已经从传统的时空环境中转移出来，结果是人们试图在私人领域重新建立某种程度的自治权、熟悉感和主体间意义。

集体化家庭是人们建构“家”的个体单元，是最小的私人领域群体化单位，时空控制也是一种消费。因而，彼得·桑德斯说，大众对拥有住房的渴望是一种指示性的反应，因为“一处自己的房子”是一种高于一切的产权，既确保了物理位置（空间上），也确保了永久所有（时间上，而且还可以代代相传），所有者可以在现实和精神的双重层面上拥有了“回家”的感觉。

*

居住小区内总有一些居住区规划时形成的公共区域，很多公共区域多是刻意规划设计形成的，往往由景观墙、台阶、汀步、铺装、小品、绿化等元素组织形成，通过规划“手法”存在于住区中的公共场地，也是住区中的景观节点。规划设计总是主观性的畅想，就像图 11 所示的区域，本应该是一个带有很强设计意图、期望吸引聚焦并引导人群活动的场所，而现实却成了一处堆放收集回收废物临时存放的区域，显然没有大量人群聚集时，该区域更多承担着废旧杂物中转功能，从分散住户的垃圾收集点分类挑拣可利用的废物，再集中存放到该区域，当有一定存量时，会一次性运至小区外的收集处交易，该区域日复一日地承担着这个使命，这个使用者一定是走遍整个小区并仔细观察而确定下来的，也是很有眼光的一处选择。

规划师在进行最初规划设计时或许并没有想到其设计的小区公共活动场地会首先承担这个功能。除此之外该区域堆放着废旧桌椅用品、废弃装修材料等，但这些物件却很恰当地拼凑组合形成一组能够使人们有效使用的辅助性物件组群，并且很自然地放置于区域中，与景观墙及台阶恰到好处地衔接搭配，由规划设计的公共场地和丢弃放置的废旧物件混搭组合，竟然会激活这个区域的第二功能，而这才是场地的真正的最初功能，使物质特性为主体的空间转变为行为动机为客体的场所。人与地方的交往真的会形成情感联系，到底是人改造空间还是空间改造人，场所是空间的灵魂，存在之于存在是否可以理解为一种可转变的状态，从空间感到场所感的转变真的很神奇。

图 11　场所的形成

场所的形成有时并非人为设计的预期，而往往是使用者日常实践的空间利用。

*

行为方式中，交通出行方式是人类社会变化的基础动力。步行空间的主体是人，而车行空间的主体是车，城市规模扩大的过程中，交通空间始终是改变城市空间格局的重要因素，而深层次上，交通工具不仅仅能改变交通空间，还会影响生活居住模式和城市公共空间的变化。就如人的住宅向车的住宅转变，人的停留交往空间向车的停留中转空间转变，而汽车作为人类伟大的发明，在城市中占据着极为优越的位置。

因此，肯尼思·杰克逊说，我们现在的生活以室内为中心，而不是以邻里或社区为中心。随着汽车使用的增加，街道和前院生活大体上消失了。曾经是城市生活主要特征的社会交往消失了，居民区成为一个个小型私密的孤岛，而后院则成为一个健康安全、以家庭为核心的隐蔽的活动场所。

以上是美国家庭住宅形式的郊区化时代的写照，这种住宅形式依然是因交通工具的兴起而形成的。可见，室内外的转换在一定程度上依旧是交通行为的便捷性选择，而交通工具的变化也会诱导空间使用方式的变化，出行空间的追寻最终还是人的本我体现。

*

共同体社会的概念在古典社会学理论中极为重要，是人们首次界定社会秩序类型的思想创新，通过二者的界定，可以解释社会秩序的行动特征以及所衍生的道德精神、文化建构等内容。而在时间范阈的构成分析中，滕尼斯所倡导的新时代成为认识社会断裂的新阶段，从而与之前的中世纪乃至更早时期共同组合成不同的社会秩序范式。共同体性质与社会性质也同样成为两个时期的社会性范式代表，并且又与意志特征相结合，形成不同的社会生活状况。

因此，中世纪的文化女性占优势，而新时代的精神则是男性占优势，在前者那里，意志的原则是本质意志，是共同生活——处于敌意之外共同体；在后者这里，意志的类型是选择意志，是保持共同生活的特性并处于越来越大规模的敌意之外的社会（斐迪南·滕尼斯）。

生活的文化有时并非是传承的演化，也可能是对立的分化，时代精神与社会关系是多角度构建的。无论如何，共同体与社会始终离不开以群体生活的方式回应。

*

城市空间分异本质上应该是城市社会分异的空间化呈现，但目前人们对空间分异的认识更多的是依赖经济分异，这是因为经济分异始于经济分层，经济分层会形成阶级结构，从而又反过来选择适合不同阶级的空间选择，最终会形成城市空间分异现象。然而，作为社会分异支配下的空间分异，除了经济显现外，还有空间中的社会关系，这样才能跳出空间实在的领域所涵盖的空间性，而重视以情感、心理、意识、道德等为网络纽带的社会关系，如雷蒙·阿隆所言，从以区别收入来源为基础的阶级结构理论到对社会集团作历史的观察之间还有一个困难：实际上，一个阶级并不仅仅因为从经济分析的角度上来看有一个相同的收入来源而构成一个统一体，而要成为一个统一体显然还应当具有某种心理上的一致性，必要时还要加上某种团结的意识甚至一种共同行动的愿望。

因此，空间分异的机制应该从社会阶级结构理论入手，从社会群体的共同信念入手，才能理解空间分异的社会学意义。毕竟社会空间除了政治经济学含义外，还有社会关系的空间创造与再创造形态。空间分异始终是相互交织的社会关系网络的空间化浮现。

*

城市中的社会阶层与其生活的城市街区空间之间有明显的对应关系。从古代时期的城池遗址到工业革命时期的新城建设，再到芝加哥学院派所提出的城市空间的结构等都能反映出来。但我们需要思考这种关系是由城市建设之初的城市规划所形成的吗？即通过城市规划的功能分区，形成不同的城市空间结构，在此基础上形成承担不同社会阶层的居所之地选择。然而，这样的逻辑是否成立？

其实，以上推论更多是从城市环境入手而非从工作行为入手。人的行为是社会群体凝聚与日常生活意义的中介，如詹姆斯·苏兹曼所说，特定街区与特定行业的历史关联，不是区划法规的怪癖，也不是精心规划的结果。对于寻找某个商品的消费者来说，从商业角度看，到城市的某个地方去对比不同商品是很有意义的。此外，在跳动、多元的大城市心脏中，人们在从事类似工作、具有类似经历的人群中间找到了友谊和安慰。因此，在城市中人们的社会身份常常与他们所从事的行业融合在一起。

社会身份－阶层－行业与空间性质－功能－结构之间有着互相构建的反馈回路。社会的依恋感与空间的一体感才是形成城市空间的社会形态机理。信念与行为才是城市空间结构演化的嵌合，而城市空间结构始终是社会场景的结构再现。

*

居住行为是人类极具特色的生存行为，在存在主义哲学领域中，人们对居住行为有诸多深入的探讨，如大家熟知的“诗意的栖居”。建造与居住的关系是一种人与意义构建的应对机制，但建造是手段，居住是本源。

从建筑术的角度思考居住，会对人有很大的思想解放与启示。建筑术的思想中介可以为居住行为提供分析路径，居住是自我的追寻，而建筑术是辅助手段。但当建筑术成为一切居住行为发生的动力时，居住的意义就会被技术浪潮所影响。居住的诠释能力将会被单向度的建造技术裹挟。而当焦虑的社会来临之际，由建筑术所筑造的居住空间只能形成单调的空间外壳，而人灵魂居住的延伸场所也失去了生命的内聚力，生活变成了机械的筑造而非诗意的栖居。

*

城乡规划视野中的城乡差异有很多划分标准，但始终是一系列可衡量的指标体系或可观测的景观形态，城乡功能便是一种标准类型，此类标准是不可变动的固定观念，总是深入人心的不可转变。当媒介理论开始拓展至人类社会时，城乡功能的差异化标准不再成为固定的模式，而城乡之间已经不能再通过功能的界定来确立其身份。

今天，道路越过了断裂界限，把城市变成了道路，而马路本身也带上了都市的性质。道路的断裂界限越过以后，还出现了另一个典型的逆转：乡村不再是工作的中心，城市不再是休闲的中心。实际上，大大改善的道路和运输使古老的模式发生了逆转，城市变成了工作的中心，乡村变成了休闲和娱乐的场所（马歇尔·麦克卢汉）。

信息化时代中，城乡形态的差异化观念一定会随着媒介的延伸而淡化，人的延伸不仅是生存的物质环境转变，而且是生活的认知观念转变。

*

在前信息化时代中，城乡之间的差别受人口聚集及流动的交通条件所决定，从而形成城乡之间不同的信息交流特征。一切商品流通、人流迁移、信息传递都依赖交通的可达性。城市作为信息策源地，始终垄断并掌控着城乡信息的传递节奏，而当信息技术从城市扩散至乡村地区时，城乡差距开始缩减。

如威廉·克罗农所说，城乡之间日益缩小的距离不仅体现在城市和乡村的商店里都可以购买类似的产品，还体现在城市和乡村之间信息的传递。工厂、批发商、零售商以及最终客户之间的所有新的联系之所以能够建立起来，最关键的是相互之间的沟通能力。

一切信息的沟通成为城乡生活便捷的保障，而支撑高效沟通的联系方式的转变更能推动城乡关系的巨变图景，沟通条件代替了交通条件，物品的交流被信息的交流代替，并快速拆解了传统的沟通方式。新的城乡关系从传统的信息隔离走向当今的信息共享，城乡之间的信息流通成为一体化趋势，城乡关系的信息结构在信息化中会变得更为开放多元，而当信息的均质化渠道覆盖城乡全域时，城乡之间的差别会消失吗？

*

不确定性是人类社会生存与自然环境的共存态势。于是在不同的社会环境中，人们对于认识未来的状况，发明出风险与危险这一组概念。然而，二者之间到底是什么样的关系呢？尼克拉斯·卢曼告诉我们，风险与危险的区别赋予了对两方面进行标记的可能性，但这并非是同时进行的。对风险的标记让危险被遗忘，而对危险的标记也让收益被遗忘，收益正是作出冒险决定所可能获得的。在传统社会中，危险更容易被标记，而在现代社会中，直到现在，风险更容易被标记，因为这关系到对机会的更好利用。

可见，风险与危险不仅仅是简单地被概念化，还在于与其所处社会环境之间的不确定性关系的再认识。危险对应于传统社会，是个体自身构成的单向闭合式外部因素的影响；而风险对应于现代社会，是个体自身构成的多向结构式内部决定的影响。如此看来，现代社会的高度网络化与个体化行动也从封闭转向开放，个体决定在网络社会中更加超越了外部因素，而从社会世界的心理活动、个人思考、主观认知等角度来直视不确定性，风险社会无疑真的越来越主流化了。

第五篇 社会与文化

一、关于社会

1. 社会与发展

人类社会发展过程中，政治干预与财富支配始终处于相互配合且相互联系的演变之中。而在这个过程中，很多理论构建都是从政治学或经济学的单一视角进行思考的。但总体上看，政治组织行为与财富积累行为的动态波动才是普遍被认同的多元经验展示形式，特别是在中西方社会不同的历史环境中均能体现出不同的经验诠释。如同村庄作为农业社会的主要形态，往往与血缘亲属要素密切相关。从早期人类的起源来看，似乎以血缘为主流形式的氏族社会关系更适合成为人类社会演进的本源。村庄氏族的社会化宗族组织可以成为农业时期人类社会的社会组织形式，村庄聚落族群平均主义的公共群体必须借助于权威领袖来组织社会结构。

如尤金·N.安德森所说，在小村庄组成的平均主义社会中，领袖往往不是氏族首领就是最好的调解人，他们均为杰出的政治人物。但随着物质财富的增长，专业化便出现了，商业也强化了，拥有大量财富越发重要了。在静态经济中，尤其是在一个很小的社会里，领导权就落到了最擅长处置财富的人手中，这典型地表现在再分配的盛宴或其他高尚侠义的行为中。

如此看来，社会关系－政治权威－经济财富的社会运行机制体系正经历着生命联合体分支化的重新组建。宗族血缘传递的扩散需要道德权威的组织，才能构建成基本的社会约束与支持，而随着经济的发展，财富积累与支配又成为与道德权威维持相抗衡的要素。因此，三者之间并没有先后之分，特定地域、社会背景及历史时段，才是使三者延展变化的机制范阈，社会只是与时间相关的无意嵌合。

*

经济行为除了是着眼于经济活动对象的稀缺资源，还与人作为有机体的自身需求有关。关于资源的话题，一直是人类发现与创造自然物及人工物的核心内容。而关于人自身的需求则极为多元，因为人除了基本的生存欲求外，还有道德的需求。因此，自私并不代表全部的人类本质，而在对稀缺资源的获取乃至争夺活动中，除了满足基本的生存活动外，人作为生物体的能量流动自洽式适应，同样也支持着对稀缺资源的看法及采取的行动。

尽管寻求能量的成败往往能够塑造多个物种的进化轨迹，但动物的很多特征和行为是难以解释的，这些特征和行为很可能归因于季节性过度丰富的能量，而非归因于对稀缺资源的争夺。这一思路或许就为我们提供了一个视角，帮助我们去理解为什么人类这个最善于挥霍能量的物种还要如此努力地工作（詹姆斯·苏兹曼）。

而在道德方面，资本主义与自私自利无关。任何经济模式下，参与经济生活的个体行为都有一个道德方面的考量。但有一点不会错，就是没有哪一个经济系统会给个人的道德行为以完全对等的回报（丹尼尔·汉南）。

因此，经济活动中的主体需求是受生物体能量获取调节机能的本能与道德调控的双重结合而形成的，自私是先天的，但不是人性的全部特征，而先天的运行机制缘由仅是人的生物主体的本质而已。

*

全球化时代中，人们关注于宏观层面的经济、文化的全球化沟通，移动性成为全球化沟通的最大保障，并成为自由的个人行为准则。因而，自由移动成为全球化的生成机制和普遍价值，自由的迹象表面上成为全球化时期的行为法则。在此背景下，自由又成为个人的价值追寻。但全球化过程也是个体自由化过程，当所有自由化个体都纳入全球化时，自由开始出现新的变化。

如今，全球化甚至将普遍价值也拿来为自己所用。因而，自由本身也成为被利用的对象。人们迷茫地追求自己的自由，还幻想着是在自我实现。使生产率与效率达到最大化的不是对自由的压制，而是对自由的充分利用。这是新自由主义的基本逻辑（韩炳哲）。

因此，正如在全球化进程中的信息化支撑，又反馈自由的扩大，用监控来应对移动性的特征，从此，自由不再自由。而如韩炳哲所说的，人的价值被简化为客户价值或市场价值。完整的生命被转化为纯粹的商业利益。

自由主义不断追求效率，把生命机能替换为效能。在全球化状态下，自由会形成推动自由和约束自由的结构化因素的相互依赖与影响，又会形成利用自由和控制自由的多元化因素的相互协调与改变。全球化过程中形成的新自由主义价值依旧是福祸参半、利弊并存的人类生态结构图景，自由的表面之下始终是不自由的属性。

*

经济学的魅力在于寻找对稀缺资源与无限需求进行优化配置的方法。资源在经济学中是超越物质环境的手段，是人类生存的基础。

数千年的物竞天择、适者生存，使我们每一个人都渴望资源，因为资源是过往生存所必需的。资源使我们能够生存、繁殖，并在这个资源常常短缺的世界中不断流动。现在，我们处在一个技术允许我们进行大规模开发的世界中，同样的贪婪使我们变肥变胖，使我们变得凶险致命——既对我们自己，也对整个世界（亚历山大·H.哈考特）。

在如此的人类社会进化过程中，经济全球化已然成为人类社会发展的大趋势和不可逆转的潮流，而技术的更新创造也使人类的资源开发方式出现新的特征。利己的本质永远不会改变，逐利的动力始终走在未来的前端与危险的边缘。

*

经济利益的本源是推动社会发展的重要动力，而经济行为逻辑又是自利本性的表现。从经济学的启蒙视角来看，自利是创造生存状态的基础，而其手段往往是通过道德的约束构成生活面向，道德就成为独特的一类意识形态，但道德的形式秩序总是不统一的心态信念与伦理精神，如贝尔纳德·曼德维尔所说，每个人都将他人的恶德和缺点变作了有利于自己的东西，竭力找到一种谋生方式，它是其天赋及能力所允许的最轻巧、最便当的谋生方式。随后资本成为伟大的社会化经济产物，在利益-道德-社会的多元应和下，资本主义在自由市场中出现，而心态信念与伦理精神同样也昭示着非道德形式的利益再获取现象。当今，在我们的政治、私法与交易体制底下，在我们的经济特有的经营形态与结构当中，这种资本主义“精神”，如马克斯·韦伯所说，很可能被理解为纯粹是适应的产物。

道德精神可以成为社会变革的肇始，也可以成为社会变革的创造，现实利益与道德精神的因果律从来不是固有的律令。

*

市场要素是人类社会生活运转的动因之一，市场功能又是城市聚落之所以成为城市聚落的原因。市场空间的早期雏形就是城市中的集市，集市是多元交易活动的早期聚落构成，最终变成了城市的重要功能。

市场空间在城市建设过程中仅仅是一处便于人们交易的场所，但该场所所产生的经济影响又超越了空间自身。市场的出现使得人类聚落从封闭转向开发，从而产生对价格的讨论，这是前现代社会中经济活动的重点。早在政治经济学出现之前，人们已开始讨论公平价格对供给和需求的重要影响。同时，人们也对与中世纪集市相关的价格问题进行概念建构（尽管还相当简单），而中世纪集市被认为是供给与需求相遇并进行比较的时空场所（阿列桑德洛·荣卡格利亚）。

因此，当我们重新认识城市时会发现，集市—市场的特征一直存在于城市之中，城市中的经济分化与社会分层一定是受市场的影响度并波及乡村，供给与需求的经济调节也产生了物质化的市场空间，只是集市的形态在如今的城市中已经发生了极大变化，但其市场交易的功能和市场交换的行为始终存在。

*

利益是一个很本能、很自然的生物现象，但人类对利益的理解远不同于动物，动物的行为完全受本能驱使，而人类则拥有更高的认知能力，正是这种认知能力赋予了人类理性的力量（里克・申克曼）。

正是因为理性的存在，人类除了追求满足基本的物质生存利益外，还会寻求很多观念的利益。观念的利益在一些情景中，比如说在某些类型的政治和宗教的行为中，可能比经济利益的作用更强。在历史中我们很容易不时地发现这样的情形，即为了他们的信仰或者政治理想，人们选择了舍生取义，但没有一个人曾经听到过经济上的殉道者（理查德・斯威德伯格）。理性价值会产生观念的利益，会出现超越经济利益的行为方式，从而形成信念。利益的范畴构成一定是宽泛的情绪感受经营，只是绝大多数忙碌的人类都将有限的时间投入经济利益的营利活动中，而无暇顾及观念的利益。从此，大家都成为经济利益驱动下的利益化孤儿。

2. 社会与生活

劳动是人类社会持续发展的条件，从传统的农业、工业到信息时代的人类社会演进过程中，劳动从体力转向脑力，如今还出现了如阿莉・霍赫希尔德所称的感情劳动，即将感情作为劳动的工具使用，其将感情劳动分为表层演技和深层演技两种，其中表层演技只需要工作者做出相应的表情，深层演技则要求工作者能够控制真实的情感，注入真心。很多情况下，服务行业都要求深层演技，深层演技的价值显得更大，然而在具体的工作中真实的情感是很难如实地表达出来。

在此社会学理论的基础上来考察许多相关的服务行业，会发现其也正在出现着以上的趋势，如城市规划从业者正好汇合着体力劳动、脑力劳动及感情劳动的服务工作特征。在城市规划从业者工作过程中，始终带着强烈的感情劳动特征，规划师们时刻切换着深层演技与表层演技的服务性感情劳动类别。在如今利益化的社会，在城市规划工作过程中，对城市管理者的真心、对城市规划利益相关者的真心，乃至对城市的真心，真的需要感情劳动吗？真的会有感情劳动吗？

*

卡尔・马克思认为人的本质是劳动，而在资本主义生产体系中劳动成为商品，异化是这一变化的中介。由生产资料私有制引起的异化表现为劳动这一决定人类本性的人类基本活动失去了人性的特点，因为它对于雇佣工人来说只不过是一种谋生的手段。劳动已不表明人的存在，而退化为生存工具和手段（雷蒙・阿隆）。

没有异化干预的劳动，能够沟通躯体与心灵的灵思，是人性的空间体验的实现。而异化后的劳动是肤浅的、非人性的、带有工具符号内涵的新批判话语。

当空间的生产成为资本主义工业化生产的重要环节时，城市空间的生产过程同样也会体现出上述的趋势。生活在城市中的人同样创造着异化的劳动成果——脱离人的城市空间，这在规划编制、管理实施、建成使用等不同环节中都有所体现，非人性化的尺度、单调的功能划分、单一的均质空间同样是作为劳动异化后所形成的异化城市表现，情感的死亡、历史的丧失、精神的崩塌等成为城市空间的异化表现，也成为资本投资下的劳动异化推动下的当代城市规划建设的运行机制。

*

随着人类社会的发展，工作类型的专业化趋势越来越明显，人类的工作能力越来越向精细化、专业化发展，而能力的综合性却越来越弱，具体表现在由早期的依赖社会常识与生存本能的各类体力智力工作，向现代社会中专注于专门化的单一技能、技艺、技术的转变。

这一过程的催生也是一种现代性对人的工作能力的应对机制，效率成了主导，而过程成了辅助，从此就会出现工作专业化与技能赋义化的脱离。事实上，今天许多业余爱好和休闲活动，包括烹饪、制陶、绘画、铁器制作、木工和家庭工程，都涉及体力和智力的发展、完善和运用，而这些技能在我们的进化史中都是必不可少的，但在现代工作场所里面运用得却越来越少（詹姆斯·苏兹曼）。

劳动的本质由工作向技能转变，工作与技能的本质关系出现微妙变化，只是人们很少关注，人们仍然专注于自我认可的合理“工作”。工作是有信念的创造，而技能是单调化的生产，技能的工作化是人与生命的意义诠释（图 12），而工作的技能化仅仅是人与生存的简单照应。如今，工作成为大众口中的日常语汇，但此工作本质上却是技能，而让大众所忽视的技能才是真正的工作，这一颠倒的观念使人们都在工作的幌子下逐渐变成了一个个技术性机器零件，而更久远的技能却被颠覆为虚假化工作的修饰符号。

*

劳动是人类社会的基本生产力，而劳动类型的不同又形成不同的劳动地位。城市化为人们的劳动类型提供了多元化的选择，通过城市的集聚力，人们都在尝试通过个人努力向上层劳动类型上升，从而就会出现人们都去奋斗使劳动地位提高的景象，这是社会发展的必然趋势。从经济学的视角看，以上现象就有帕雷托效应的论证。但是从劳动—集体劳动—社会命运的逻辑关系的角度看，似乎会出现一些新的问题。

汉娜·阿伦特认为劳动地位的提高并不全是值得高兴的事情。由于劳动地位的提高，人们对“政治性事务”的关心逐渐淡薄，行为也逐渐冷淡。也就是说，随着资本主义经济的发展（社会领域的诞生），经济问题成了人们的心头刺，但与此同时，人们对公共领域的关心却逐渐变得淡薄，与其的联系也逐渐变少。集体智慧需要集体化的关

图 12 日常生活的技能

日常生活的技能在现代社会中往往成为被忽视的领域，而这些场所同样成为被忽视的失落之地。

心，而当每个人都只关注个人经济问题时，维护社会秩序与干预社会行动的政治性事务就会无法顾及，公共领域也失去了公共性，公共生活变成了表演。最终如同理查德·桑内特所说：保持沉默成为人们参与公共生活的唯一方式，公共人的衰落终究成为日常中的非日常。

*

货币的发明是人类的伟大创造，而在社会学层面来观察货币的重要性，可以看到其对于构建理性社会的巨大作用。格奥尔格·齐美尔的货币哲学理论很早就看到了货币经济对社会交往的黏合作用，也看透了货币经济对社会交往的瓦解作用，社会开始变成理性化的社会。

货币之所以具有如此双重性，原因何在？

我们需要从货币诞生之前的前货币经济社会形态中寻找答案。等量交换行为中对价值的量的评判是不一致的，在前货币经济行为中是有随时产生争议的可能，感性价值判断成为那个时期的集体观念。但具有决定意义的是，货币作为计量单位，对互动行为的性质会产生最直接的影响：对财物的价值与损益的评估，毫不含糊地在所有参与者之间建立了一种他们都接受的等量交换关系，减少了不同解释带来冲突的风险（弗洛朗斯·韦伯）。

货币成为更好的价值反映工具，而对于自然就会逐利的人们来说，货币的优势很快扩大，并成为利益衡量的主流标准。从此，货币在人类社会中的双重作用也显现出来。

*

自私与贪婪总是生物体的本性，人们一直通过道德呼吁来与之对抗，但始终无法避免。从现代社会中的市场角度看，自私与贪婪是形成市场的重要动力，经济学家通过不同的理论证明市场的各种可能性，但自私与贪婪的本源会从经济范围扩散至社会和国家。

丹尼尔·汉南说，贪婪也就是对物质占有的欲望，不是市场的产物，而是从更新世的非洲丛林间为生存而竞争的原始人类就已经携带着的基因了。资本主义给贪婪套上了一个社会生产目的的笼头。在自由经济中致富的途径是提供给他人所需要的东西，而不是依靠权力来敛财。但权力的建立也是围绕着资源的竞争，从而又形成权力资源的竞争。需求与供给的市场原则会带来存量与增量之间的对抗，最终会影响容量与质量，资源始终是竞争的目标基础。

人类历史的发展证明，自然资源分布不均是一个容易导致国家内战和分裂活动的诱因。在一个国家内部，拥有丰富自然资源的那部分地区，要么想要从国家脱离出来，以便将所有的利益保留给自己；要么即使并没有想要脱离国家，也会多有抱怨，认为太多的利益被分配给国家的其他地方（贾雷德·戴蒙德）。自给自足是一种理想，对资源的时空重组一定不是恒定的样貌，资本积累在此基础上变成了贪婪的集体消费，而集体的个体化又一次成为新的利益分配的动因。

*

消费现象是现代社会的重要特征，而城市的出现代替了农业的传统消费活动，从简单的物质交换到复杂的符号交易，从空间消费到消费的空间化，人类社会开始收缩理想形成差异。

传统的适用于农民生活的组织形式（也就是农村）正在发生着变化，被更大的单位吸收或征用，被融入工业及其产品的消费中。人口的集中伴随着生产方式的集中。都市组织正在增生、扩张和侵蚀着农业生活的残余（亨利·列斐伏尔）。如此看来，从农业—工业—都市的社会演进过程中，农业生活总是处于弱势地位，强大的城市化逐渐吞噬着农业及其存在形式。

当未来城市化达到顶峰，人们进入都市世界时，农业生活还能与城市生活相抗衡吗？城乡共存是否代表增长与消解的抗衡，筑造与栖居之间的分裂能否互渗？乡愁可能是一条路径，但如何实现呢？

*

消费时代中消费行为的出现成为人类行为的社会事实，从而打破了传统的物质消费的经济呈现。理性经济人在消费时代中也改变及扩大了其固有的假设内涵，价值的议题从普遍生存扩大至意义制造，理性经济人在消费时代中成为感情化的理性再建。

人们的消费活动不再关注于消费品的直接普遍使用与享用结果，而在于消费品的间接使用与体验过程。而对消费活动质量的评价标准不再只取决于使用效果，也会涉及审美感受，如奥利维耶·阿苏利所说，人们买东西不仅仅是为了东西的用途，也是为了东西所表达的意义。对情绪和情感的认识蔑视理性的和纯反射性的动机。在过去的购买过程中，消费者是被当作“处理信号的理性机器”（如价格、质量、使用率这样的理性信号），如今的购买过程则是更非理性的机制，消费者追求的是享乐体验。这种方式的新颖性在于上述非理性的、私密的心理学科的出现。满足感的主要计量标准就是想象力和审美感受性。

从此，消费时代改变了人们的消费观，功能性拟象成为评价消费品效用功能的标准，消费时代中的消费活动果然是符号与意义的价值再现。

*

在创新的认识各领域已经有很多关于它的内容。随着社会的发展，人们对创新的认识有了新的判断标准。效率与公平一直是对创新认识的标准，只是将创新放置于社会运作中，总是绕不出经济价值的影响。

约瑟夫·熊彼特认为，除非能够在市场的考验中幸存获得经济份额，并因此转化为创新，否则发明是没有经济意义的，并不是所有代表新知识的事物都具有经济价值。

制度是创新的一种形式，是保障创新的创新，一项制度的确立或取缔同样可以放置于经济价值评判中，能够适合新的发展环境与社会背景的制度，一定是能产生经济意义的决策，反之亦然。毕竟作为人类匿名社会中的回报依然是个体与群体的共同选择，创新总是追寻规范化的组织与秩序化的效率，经济才是社会发展的调节器。

*

财富与权力是人人向往的东西，虽然也有例外，而人的本能又是自我推论的原始动因，以此角度来考察社会众多现象时，我们很容易找到诸多个体逻辑行为的运行机制，虽然很僵化但的确能反映出作为生命力的本能偏爱。

雷蒙·阿隆认为，由于人受本能的驱使而自发地希望得到自己喜欢的东西，于是，为了达到这一目的就按逻辑行事，为了尽力达到最大的满足，就合理地组合各种手段。同样，如果人向往权力是正常的，那么诡计多端地运用各种方法来夺取权力的政治家的行为就是合乎逻辑的了。因而，由财富和权力确定的利益就成了许多逻辑行为的起源和决定因素。

当回视不同的社会行为时，本能驱动—喜好偏爱—追求行事的逻辑链条，成为统握普遍行为的非社会视角的社会行为。虽然道德命令与文化涵化会有所补充，但由财富和权力确定的利益仍然是逻辑行为的构成性动力，而不是调节性动力。生存技能是人类机制的根源，复杂现象的背后似乎在以上视域中显得极为单一，却又相对有效。当个人行为上升到社会行为时，考察非社会性机制，是否真的会出现普世性的原型事项？

*

权力的来源有很多说法，但权力始终是产生并持存于社会群体之中的。权力是通过社会分化而形成的，同时通过分化达到了整合，但无论是分化还是整合，都是依赖于协作化合作，而协作产生的动力又是源于共同信念。

如迈克尔·施瓦布所说，从社会学视角思考什么是权力和权力的运作方式，我们认为它植根于社会生活，即在共同信念中，在合作中，在人们每天一起做事的方式中。这种观察方式提醒我们，权力并不是来自个人。如果权力来自个人，那么不用暴力也就很难抵抗权力。但是，由于权力来自共同信念和合作，所以我们总是可以通过挑战信念和拒绝它所依赖的合作来抵制权力。因而，通过发展新的信念合作方式，我们也就可以与他人一起创造权力。

信念合作方式是权力构成的逻辑一贯性，从而形成巨大的推动力。信念意识使合作得以存在，而信念意识在产生其集体互动中获得存在，权力成为这一过程的最终结果，并呈现出此消彼长的人类权力演变图景。

*

米歇尔·福柯的生命权力极大地将权力从群体间扩展到自身间，历史时期普遍法规干预并管理着人们的行为，人的价值没有与社会的发展完美结合。因此，人们在面对旧权力所规训的节制形式的管制手段下，将权力与个人的思想结合形成道德形式的秩序再造。城邦、宗教或自然共同的一些主要法则是存在的，但是它们好像远远地画出了一个很大的圆圈，其中，实践思想必须界定什么是应该做的。为此，它需要的不是像法律、文献之类的东西，而是"技艺"（techne）或修养（pratique），也就是一种本领，在兼顾一般原则的前提下，在适当的时机、背景下根据自己的目的采取行动。因此，在这种道德形式中，为了把自己塑造成伦理主体，个体不是通过把自己的行为准则普遍化，而是通过一种使自己的行为个性化并不断调整行为的态度与追求，它们甚至可以通过这一道德赋予他的合理而审慎的结构让他光彩夺目（米歇尔·福柯）。

然而，进入现代社会后，生命权力代替了死亡权力，人们也开始从被管理转变为被使用，但权力的渗透性已然定型。权力又一次成功地应对了非连续性的社会转型的机制响应，权力关系与道德形式互相影响，道德形式不知不觉中成为权力关系的一种类型，也成为辅助自我约束的、自觉遵从权利结构范式的组成部分。

*

从社会学角度看待城市，能使我们的视野更为广阔。社会是由不同情境构成的，因为人是独立的个体，而城市作为人群高度聚集的场所，形形色色的人构成形形色色的世界，也形成复杂的城市集群社会。

人群个体之间必然会有不同的差异甚至对立，因而，陌生感成为城市与乡村的区别标准，陌生感通常会与威胁感相关联，因为作为个体的人的行为往往希望远离风险而轻易获利，因此，正如亚明·那塞希所说，现代生活尤其是城市生活的最大成就或许就在于不再直接掌管社交，转而由陌生感来加以协调。

城市社会要团结一致、和谐发展，要形成集体感还真需要把陌生感作为一种文化资产加以保护，而熟悉感只能留存于乡村社会，可是当人类社会最终进入稳定的高度城市化阶段后，陌生感的支配还会持续吗？

*

制度能够形成并创造新的生活。历史时期城乡生活原本应是一致的，但由于现代社会的各种制度形成不同的城乡发展环境，因而城乡生活开始分化。

城乡生活往往代表着现代生活与传统生活，但个体化理论始终认为个体化过程伴随着丰富的制度资源。乌尔里希・贝克认为，传统生活与现代生活之间的差别，并不像许多人认为的那样是古老的法团与农业社团将人们的私人生活压制到最低程度，而与之相对应的是今天则几乎没有留下任何限制力量。恰恰相反，正是在现代性的官僚和制度丛林中，人们的生活被牢牢限定在一系列引导和规范的网络中。

现代性制度使得个体从传统中解放，城市越来越呈现出数量庞大的原子化家庭，社会结构开始变迁，城市逐渐去传统化，却又受家庭、职业、技术等影响，融合而成新的社会体系。个体性特征开始形成新的认同文化，新的社会制度又一次形成，制度化城市越来越强而非制度化的乡村越来越弱，个体化的趋势是当今的社会图景。

*

社会的发展需要制度的介入才能形成秩序化集体行动，毕竟社会人群是个体化的、多元化的、复杂化的，而制度一定是标准化的、大众化的、抽象化的。因此，早期社会中的管理工作是分片化的群体—身体管理，而信息时代社会中的社会管理工作是均质化的个体—数据管理。

吉尔・德勒兹认为，现代管理的特征是将人类作为数据集成进行处理。在规律社会中，人作为个体被标准化的同时，也作为由个体构成的群体被控制。但是在管理社会中，本来是“不可分割”的个人，被分割为通过监视收集到的碎片化数据，以数据库的形式被管理。在信息技术的支持下，人们一生都在被管理。

如今大数据正成为管理社会理论的预见，而人由于信息技术的影响，也从人的社会性向人的数据性扩展，数据构成新的社会交易链条，数据的形成也为效率的再提高提供了可靠、直接的秩序前提，信息技术的便利将人自身变成了被管理者。

从此，集体性自我控制成为常态。当人们在信息化浪潮中主动或被动地变成信息源，并悄然形成强大的数据库时，普遍判断与自主经验之间会形成公正对话的延续吗？

*

制度与道德准则在人类社会形成与构建过程中有很大的互补性与互适性，二者的先后次序也是极为有趣的话题。先看道德准则，纵观人类历史，在政治制度复杂的人类社会，大家面对非亲非故的陌生人时，唯有法律才能确保道德准则的施行。道德准则只是诱发良善行为的首要条件，然而仅有道德准则是远远不够的（贾雷德・戴蒙德）。法律作为制度类型之一，成为道德准则付诸实践的保障条件。再看制度，查尔斯・赖特・米尔斯说，人类生活的许多内容由在特定的制度中扮演的这些角色所组成。要想理解一个人的生活历程，我们就必须理解他已经及正在扮演的各个角色的重要性和意义，而要理解这些角色，我们又必须理解（这些角色所属的）各种制度。

制度会产生不同的人类社会角色，而在此过程中，道德准则也是社会秩序的持久保障，也会形成人类社会角色的习得情境。法理社会与礼俗社会是并存的，而在复杂的社群化城市社会中，庞杂的多元角色或清晰界定，或模糊重叠，从而一定会有涉及公共群体利益的相关工作及行为，如同城市规划与生息之地之间是一种创造与延伸的制度—道德准则的组合规则，作为公共政策的空间生产与实施一定是建立在制度与道德准则的共同运作基础上的，生活是在制度—道德准则的组合规则中表演的，由此才能形成有序化、全面化的公共群体利益的分配、保障及检验体系。

＊

社会科学的研究对象中，动力机制是追求解释现象的目标与动机，而政治、经济、社会三个方面的动因揭示路径总是同步出现、相互支撑。似乎动力机制几乎都是此三者的共同构建，但我们需要从学科本源来解读差异，这应该是支持动力机制揭示的价值所在。

塔尔科特·帕森斯认为政治学将自身定位于在社会组织强制性力量，经济学是指手段对目的的理性适应，而社会学则涉及让社会得以整合在一起的终极价值的研究（马克·格兰诺维特）。

因此，政治、经济、社会从来都是交互在一起的，边界的渗透与模糊同样可以解释现象，只是当社会发展到一定程度，细化的知识体系越来越精细化，我们需要从不同的知识视角来解读同一种现象。

＊

在很多社会现象的分析过程中，经济因素与经济问题似乎始终是第一位的。在经济分析的基础上，再排列出政治、社会、文化等因素。但面对一个社会问题时，我们能否单纯地先立足于社会的本质视角来分析，也即社会问题的本质到底是什么。如雷蒙·阿隆所说，社会问题并不首先是经济问题，它主要是一个协调问题，也就是说个人的共同感情问题，正由于这种共同感情，矛盾才能得到缓和，利己主义受到抑制，社会安宁得以维持。社会问题是一个社会化问题，就是说要使个人变成集体的一员，反复教育他们尊重社会的指令、禁令和各项义务，不然，集体生活就不可能存在。

社会关系的维系才是社会问题的关键，共享的生活方式需要经济的支撑、政治的管控、文化的约束等，但更需要社会的共生情境提供共同的社会“尺度”。

协调问题才可能产生进行社会关系与社会秩序的重组，而社会化问题才可能产生个体依靠高度多样化的世界构建生活现实。集体认同才是社会世界的秩序性前提。

＊

社会结构是由个体性行为融入共同性互动，由人们的行动产生意义，进而构成社会构筑物。因此，社会行动既能产生社会常识，也会形成相互通行关系。社会行动会审视日常的人与人的相互作用并通过社会结构的形式记述社会的工作积累，互动是社会形态多样化维持的动力机制。

如迈克尔·施瓦布所说，我们不应忘记，社会世界中发生的事情，是因为人们创造了特定的意义并根据这些意义行事，以特定的方式认同自己和他人，并以特定的方式界定情境。所有这些都是通过面对面或远距离的互动得以实现。同样，只要记得我们所说的"结构"由行动（人们以有序和稳定的方式一起做事）构成，我们也就可以很好地谈论社会结构。

社会行动、社会秩序、社会变迁这一组社会学理论之基，同样可以以互动为基础，形成一系列创造社会凝聚与生活意义的理论维度，互动才有可能保障社会记忆的真实性。

*

社会世界既简单又复杂，置身于社会中的人们理应需要了解、理解社会。自古以来，人们都在努力地认识社会，社会既是个体的集合又是群体的构成。

社会世界的认知模仿于自然世界，但却总是不同于有规律的自然世界。社会科学同样成为人类认识自我的知识框架。意识、价值、观念、道德、理性往往又调节着生物性的人的行为，从家庭、社区到全球化。

经常有一种说法认为社会科学总是落后于自然科学的发展，而后者造成的一系列问题，如核战争、人口过量及工业变迁等，现在则必须要由前者来解决。这一观点，表现出一种在自然科学和社会科学之间所进行的简单类推，忽视了要通过有计划的行动来控制社会结构之不可测，除非采取某种政治控制的方法（而且即使在这种情况下，也存在着极大的组织方面的限制）。而这种控制所制造出来的罪恶往往多于它所解决的问题（兰德尔·柯林斯，迈克尔·马科夫斯基）。

我们不仅要解决问题，也要发现问题。社会发展的动力机制不仅是一种动力揭示，也是一种社会秩序的互动构建，普遍性的理论在社会动物的人类中，总是随着社会本身的演进变化而依次出现。

*

社会学关注社会整体，而整体是由个人组成的，二者的互构关系往往形塑了人们对社会的传统认知。社会空间作为社会关系维系的场所，往往形成社会空间被分配的社会学现象。此时，整体与个人的关系随着"分配"的社会动力而产生微妙的变化，如北川东子所说：社会空间被分配。被分配的是"整体"，个人由于被加在这种分配上而变成了"整体"的一个局部。处于被分配空间的个人，就像今天那些被赶到窗边的公司职员或者那些稀里糊涂呆立的老人那样，虽然过着作为个人的生活，却只不过是社会整体的一个符号而已。可怕的是，正如格奥尔格·齐美尔所指出的那样，由于个人仅仅是成为“整体”的一个局部，在个人当中整体已经不存在，整体已经不再能够看到。个人已经不再是面对“整体”，而只不过是仅仅面对自己罢了。

社会空间本质上的确是被分配的空间，个人—标准—共享—整体的社会化历程才是我们把握空间社会化的原型呈现。只是在现代化的城市空间中，更为复杂的社会关系推动着过于关注整体的空间生产，个人已经被整体化了，人们都被周围的一切整体价值或环境所笼罩，丢失了自我认识的逻辑通道，整体成为一切活动的障眼法，社会表征也被社会空间的强势物质化所搅扰。

我们需要重新认识被分配的社会空间，建立现象学的厚度，将个人进行重新架构，建立多重认同的整体－个人关系，摒弃部分抽象与僵化的整体观，重新理解社会空间。

*

集体是一个极为有趣概念，集体的出现与人类的自身生存需求及社会进程有关。马丁·范克勒韦尔德曾说，一些人类学家认为，人类智力的形成，很大程度上要归功于狩猎，以及更重要的为分配猎物所必须进行的“政治”活动。最初的时候，狩猎一定是为在面对大型动物时进行自卫和获取食物而形成的一种办法——由于当时的人类只有原始的武器，要达到这些目的就必须结为集体。

集体所共享的框架而产生的记忆形式就成为集体记忆，莫里斯·哈布瓦赫的集体记忆理论成为社会不断重建的记忆类型，人类社会的群体行为需要集体记忆来记载并传承。人类的悲剧在于，我们的群体行为有时会让其他群体成员对我们感到恐惧并存有偏见。事实证明，我们确实彼此行为相似，并且表现为一个整体。当局势高度紧张时，人们观念中存在的互换性最能与现实情况相匹配，而且我们可能会像游行队伍中的士兵一样肩并肩且步调一致。在我们自己以及他人的社会当中，这种紧张感都会促进社会合作，或者至少意味着我们对社会行动方案采取了默许态度（马克·W. 莫菲特）。

集体的形态是变化的，并且一定是集体行为的个体化冲突所推动，也一定是个体行为的集体化结合所构成。从历史的演变中认识人类成群集聚的缘由，才能解读人类群体性的多变性。

*

团体的概念从个体脱离向集体转变。但随着现代化的推进，团体已经只保留了“体”的外壳，而失去了“团”的精神。虽然随着劳动分工的细化，团体越来越多元化、精细化，但现代社会中的团体失去了集体结构的精神内涵而以利益合作的工作行动来取代。人类大部分的工作是靠团队的力量完成的，离群索居的隐士极为罕见，即便是最喜欢月下独酌、享受世外桃源般宁静的艺术家、作家、画家也需要他人的参与才能使其作品问世，达到其预期的工作效果。作家需要编辑、印刷商、书店的合作，画家需要画廊出售自己的作品。其实，我们大多数人都是在一个团队中，彼此密切合作，进而完成工作（彼得·德鲁克）。

而当利益化合作成为团体的代名词时，共享取代了协调群体工作的阐释失去了亲切感。社会结群的过程也被社会群体的行动所替换，现代性强化了团体，同时也分解着团体。隐含在团体中的人类工作，最终只能成为生产集体的样态表达。

*

社会行为是社会学的重要研究对象。行为之所以会成为行为或者说社会行为之所以被称为社会行为，是由于社会行为所发生的社会语境往往是社会行为的情节构造生成基础，也即社会行为是在社会语境中的社会行为。考察社会行为在什么样或怎么样的社会语境中对社会行为产生者产生意义或合乎合理性才是关键，而对这一关键点的认识，既要防止理性思维的过度化，也要考虑人类主体性的消退化。

如雷蒙·阿隆所说，社会学是一门理解社会行为的科学，理解意味着把握行为者赋予行为的意义。帕累托是按旁观者的认识程度来判断行为的逻辑性的，而韦伯的目的和着眼点则是弄清每个行为者赋予自己行为的意义。对主观意义的理解要求对各种行为作出分类，最终把握各种类型行为可以理解的结构。

因此，社会行为者对其行为的意义是如何构成及评价，或者社会行为可能及运作的客观基础，即社会行为意义的结构才是理解社会行为的诠释基础。

*

风险社会学理论对理解当代社会环境提供了一种新的视角转换。而未来性成为诸多关注未来工作的思维品质，如同城市规划工作一样面临着未来预见的各种可能，城市的未来总是会有风险，风险是必须要面临而又不可避免的问题，特别是信息量越来越大的当代社会，风险反倒更高频率地出现。那么风险存在的理由是什么呢？如尼克拉斯·卢曼所说，实践的经验教给我们的恰恰相反：人们知道的越多，便越知道人们不知道什么，这才造就了风险意识。人们计算越理性，开启越复杂的计算，眼前便有越多边边角角涉及未来的不确定性，并因此存在风险。

风险社会学理论可以帮助人们梳理风险存在的可能及原因。正是因为越来越复杂的现代社会结构，诸多不确定性更容易出现；正是因为越来越分化的现代社会系统，诸多偶然性更容易发生。复杂性是当今社会持续发展的必要条件，从而风险不可避免。

因此，在风险社会中，我们需要保存经验、保留自主来清晰地看待风险运行。社会驯化是一个长时段的历程，在一个充满风险的世界里，调整观察世界的方式仍然需要有一定的适应性和时机性。

*

家庭是人类群体生活最微小的集体单元，也是人类社群关系最亲近的组织单位。

家庭既是一种固定的社会组合，也是一种独特的社会组合。家庭要高效且有温情地发展，一定要建立在效率合理的家庭生存资源获取工作方式之上。

因此，与公共工作领域相对应的家庭供给模式会呈现出多元化样态。雷·帕尔提出家庭工作策略的概念，即家庭的成员为了完成工作而集体或个别采纳的独特实践。家庭工作策略反映了具体环境影响下的物质条件与文化价值之间的辩证关系。

家庭是集体消费的形式之一，年龄、性别及专长等天然的差异组合是应对政治、经济和社会关系的团体创新和生命周期的延续路径。

*

家庭是人类社会最重要的基本单位,随着社会发展,传统的家庭模式开始发生变化，如扩大家庭逐渐变小，主干家庭逐渐向核心家庭转变，这一过程最明显的发生场所即是从农村转向城市。

城市中核心家庭居多，而农村中主干家庭乃至扩大家庭较多，因而，我们发现“城市人”的家庭社会关联度弱，而“农村人”的家庭社会关联度强。

分家是这一变化的主要动力，当然分家的动力机制在社会学领域已经做了很多工作，也涉及家庭单位变化的核心内容。分家不仅是农村社会的普遍现象，同样也是城市社会的发展趋势。

我们可以从城市规划角度来考察分家析产的现象，农村的居住模式主要是多间房屋组成的大院，因此，人口众多的主干家庭或扩大家庭可以存在，而城市的居住模式主要是空间聚集的楼房住宅，因此成为核心家庭最适宜的家庭场所。

未来，在分家析产的社会趋势下，城市规划需要重视及依托一座城市的总人数还是总户数呢?

*

单位在当今中国社会是一个很重要的社会组成单元，往往是社会生活的空间社会和社会空间，深入细致地研究单位空间对认识城市空间也有很大帮助，毕竟有些城市起初就是一个大单位，或有些城市是由若干个单位空间组成。

历史时期的不稳定总是能产生并呈现出一种遗世独立的图景，一个国外学者对中国单位大院的研究认为，单位的空间设计反映了两个核心目标：在微观层面象征并再生产社会主义国家的秩序；在单位成员中推行一种社会主义的集体化生活方式。

单位是集体化的个体组织，也是个体化的集体控制，时代的变迁使得单位空间在城市空间的重要程度逐渐减弱。网络数字时代的到来，是否会对单位产生空间重组甚至空间灭失。

单位空间是一个缩小的城市空间，从个体到社区的集体记忆消解再到从集体到个体的组织形态分解，也会推动单位空间从具体空间转向抽象空间。如今，在社会转型中，单位空间已经慢慢更新为空间单位，各类生活行为的多元化分离和各类场所功能的多元化分解，也许就是整个社会发展的结果。

*

婚姻是人类社会的产物，从本质上看也是一种交换制度。制度一定会随着人类社会的发展而变迁，这种变迁是随着城镇化现象的出现而演变的。

出生并生活在城乡不同的社会环境中的人类群体，一定是立足于不同的经济利益与集体象征之中的，不同的生存形式产生不同的生活方式。

因此，皮埃尔·布尔迪厄说，婚姻交换制度的这种调整可能联系于围绕市镇与乡村之间的对立的整个社会调整。而市镇和乡村之间的对立本身是倾向于把城市功能的垄断权给予市镇的一种分化过程的结果。

有形资本与象征资本依然是人类社会发展的基础及追逐对象，价值观念的再生产会形成和巩固特定时期的基本价值。

*

城乡社群中婚姻的组织方式是有差异的，城市社群的网络组织复杂却单一，乡村社群的网络组织简单却综合。城乡生活资源的不同会使城乡社区情感的目的有所不同，自然选择是人与自然环境的博弈，而婚姻却是目的性很强的生命进化竞争。

罗宾·邓巴提出，在男女两性寻找伴侣的过程中，报纸上的征婚栏已成为一个重要的配对场所。因此，这为我们提供了一个独特的视角，让我们得以一窥人们在择偶时讨价还价的过程，看着人们会寻找什么特质的伴侣，以及他们认为未来的伴侣可能会在自己身上寻找什么样的特质。在某些情况下，这会成为一长串的谈判链条，最终以某种形式的长期关系或婚姻结束。

经济学终究还是社会科学的基础，利益的联结是构建人类社会网络的动力，从家庭到社会，联结感是形成复杂世界平衡的集体动因。

*

家庭是一种文化的建构，是人类社会结构中的基本单元，又是自然而然的人类自然有机体，因此，家庭是衔接国家与社会的重要单位。

家庭会随着国家和社会的变迁而发生变化。国家对家庭生活的规范通常是工业化和城市化的结果（威廉·J.古德），现代化导致社会变迁和行为模式的变化，从而家庭关系的结构性转变也随之而来。随着家庭结构的变迁，家庭的主要功能也从一个为了集体生存而奋斗的法人群体演化成为个体成员提供幸福的私人生活港湾（阎云翔）。现代性的推动与个体化的崛起也预示着新时代的来临。

3. 社会与时代

城市空间分异是城市发展过程中常见的现象。古代时期的人群居住聚集，往往根据地缘及业缘关系，特别是根据所从事的工作类型而形成，现代社会的人群居住聚集已经逐渐脱离了地缘、业缘等因素，而主要受房产制约，即不同价值的房产作为现代城市人置业的选择，通过个人收入及商品价格的经济学动力，实现资本的循环。

肯尼思·杰克逊说，就像通常在美国所看到的那样，人群的区分主要是通过房产所有者和建造者的欲望决定的：他们通过吸引有钱人、排斥穷人来提高其投资。

房产所有者和建造者在城市空间分异形成中扮演着直接供给的角色，而他们又是如何形成的？城市空间分异从来就是“简单”的现象。

*

市场是现代城市经济的主要支柱，同时也是很特殊的类型。房地产市场直接对应城市住房问题，住房问题从本质上看，应该是讨论其为公共消费品，还是私人商品的问题。

公共消费品是城市生活必需品，而商品不一定是生活必需品。但商品房的称呼似乎又视住房为商品，毕竟城市房地产市场中商品房所占的比例较大。城市中的住房类型很多，但多数住房仍然为高容量的单元式楼房形式，居住生活仍然需要集体消费式的支撑。

城市房地产投资开发成本巨大，往往需要借助于国家与大资本联手的方式推进，若要改变这种自上而下的开发模式，一般而言难度很大，虽然有成功的案例，但数量毕竟很少。

从长远看，未来能成为市民—社会资本联手进行开发模式的住房对象也许是老旧小区，其二次开发的可能性更大，自下而上的社群行为可能会成为新的房地产更新内容，但利益仍然是各方角色增长的主导根源。

*

工业化社会家庭开始与传统家庭一样有所改变，其中有一点是家庭的核心场所从农场、作坊转变为家庭以外有组织的活动上，特别是在城市中，家庭生活不再局限于一个地方，而是分布在多个地点，不同家庭成员的活动场所零散分布在城市中。

传统家庭共同体是家庭成员密切联系的重要且唯一的形式，而现代城市中职住空间失衡造成不同的家庭成员生活节奏的不同，从而，共同在场性的生活节奏不再出现。

生活节奏与居住行为已然形成新的家庭日常生活特征。因此，不同家庭成员与家庭资源的关系不再以稳固的共同体分配来维系，而开始转向选择性的个体联合，后家庭时代的家庭真的开始出现了。

*

社会群体中家庭是最重要的亲属关系表现形式，而家庭在城乡社会之间也开始出现分化，特别是在城市家庭中，城市的小家庭不同于传统的农村大家庭。随着生活方式及家庭结构的变化，完全依赖于家庭教育的社会需求越来越少，人们热衷于各种功利性的教育机构，但同时人们却又更加重视家庭教育的传授作用。

人类学家雷蒙德·弗思说，做父母的人最有价值的功能就是把他们所属的群体的大量文化传统通过示范和教育传授给他们的子女。至今，不论托儿所还是优良的学校在这个功能上都不能完全替代家庭的地位。

一方面家庭群体的个体化使得家庭形式的多样化形成，另一方面社会发展的相似化使得教育形式的趋同化形成，似乎家庭的人类社会组织特征又是矛盾的演化。

*

亨利·泰弗尔提出，人之所以有社会身份认同，并不只是对一种社会现状的确认，而是人天然地需要有这种认同，只有建立了某种形式的社会身份认同，人们才会感到放松与安心。

家庭是身份认同的起源，是认同感的培养基地，进而家族、族群开始出现并逐渐扩大规模，成为礼俗社会的行动逻辑。家庭是异质性的，因为人的个体心理与社会心理不同，所以族群是同质性家庭建立集体认同的发展结果。而礼俗社会又是若干无数个族群构成的社会主体，但族群之间的价值观念与文化意义各不相同，而现代社会的时代特征与传统认同之间矛盾就会出现。如果在更大的社会里，族群之间要相互取悦，那么他们在前进的道路上就得把自己的身份很好地统一起来，这足以忽略彼此之间的任何差异所带来的困扰（马克·W. 莫菲特）。

从此，泛身份认同出现了。社会运作的结构性力量是解体与重组的过程，不管如何发展，现实利益还是身份认同的基础。

*

作为群居社会的人类，饮食的集体化现象一直伴随着人类社会的发展历程。人类饮食是双重意义的行为，从保障生存到交往共享，都需要借助于饮食行为与饮食场所。

然而，随着现代化的发展，饮食行为的多元化与便捷化趋势却对饮食场所产生了重大的影响，特别与饮食行为相关的烹饪行为往往被忽视，但却不可分割，饮食与烹任行为总是共存的，二者的场所理应也是合二为一的。

现代社会中，人们为了生活的方便与工作的高效，对饮食场所进行了适时更新甚至摒弃，从而使烹饪场所逐渐从必然的普遍性转向忽视的缺失性。追溯历史，在整个19世纪，在饮食形式背离古代营火传统的过程中，一整套新的饮食礼节在以往诸多礼仪的基础上被积极地建立起来。仅仅过了一个世纪，这种新的营火形式，就遭遇了另一种虚拟营火的挑战，伴随着这场挑战，家长制和核心家庭的形式，也从必然转变为自由选择（马丁·琼斯）。

饮食形式始终在缓慢地变化，社会组织的重要形式就是源于围绕着营火的圈状秩序空间，时代演变之下的社会形态影响着饮食形式也影响着人类社会的组织重构。

快餐文化的出现仅仅是场所功能的转变，而互联网时代下的快餐文化，则会对传统饮食及场所产生冲击，“吃”只是一种生活但却又高于生活。

*

追问一直是哲学的思考方式，追问的重点是诞生问题，特别是人类自身的社会学问题方面，追问所聚合的是一个情节构造活动，是一个脱离纸面记忆而形成意识形态层面的原型式的想象结构。因此，诞生性的表达是一切人类社会现象的推进模式。但是，诞生问题只有放置于神话的叙事当中才会焕发出解放思想的经验自如，而不是构序思考的逻辑自洽。

正是诞生问题这一难题使得使用柏拉图的神话具有了合理性：开端是历史的，而起源是神话的。当然，它涉及重新使用一种话语，这种话语适合于所有以自身为前提的开端的历史，例如创世、制度的诞生或者先知的预言。而当哲学家重新使用神话时，神话就作为辩证法的入门和补充（保罗·利科）。

追问是一种方式，而不是一种结果。通过追问的方式在神话叙述中形成解释机制，才会有一个承载记忆的根源创举。诞生问题、话语机制、哲学追问、神话预设可以成为一个思想延伸的闭环图景，从而将复杂世界的构成进行解读，意义的搭建才是一切叙事的逻辑，神话从来不是一种传说 。

*

社会学视域中的人是需要思考人的原始状态，也即人与人之间的本性现象是否呈现出战争与不平等的先于社会的自然法则，而此问题历来就有多种见解，如战争是托马斯·霍布斯自然法则中的常态，孟德斯鸠与托马斯·霍布斯恰恰相反，他不认为战争的根源在于人的原始状态，人类本身并不是人类的敌人，战争与其说是人性现象不如说是社会现象。既然战争和不平等是与社会的本质而不是与人的本质联系在一起的，那么，政治的目标就不应当是消灭与集体生活不可分割的战争和不平等，而应当是减轻战争和不平等的祸害（雷蒙·阿隆）。

只要集体生活存在，社会始终带有社会的本质状态，无论是战争还是和平，都是调节人的集体生活的监视机制。通过社会的建构生成互动性的社会回馈，主导或屈从并非从来就有，人类的情感空隙为人的本性延伸提供了可能。社会总是在整合人类生存的过程中出现政治效应，作为社会造物的政治才是社会本质的协调路径。

*

社会的整体组织方式是社会成为社会的重要保障，而整体的组织方式又与个体的日常生活之间存在着任意调和的状态，或一致或矛盾。因此，社会学的价值就会凸显。

如安东尼·吉登斯所说，社会的整体组织方式与私密的日常生活之间有着密切的联系。社会学的最重要贡献之一在于它使人们能够理解这种联系的性质。因为，在我们的体验中，即使是最具私人色彩的东西，实际上也形塑着那些乍看起来极其遥远的事物；同样，前者也为后者所形塑。

社会学可以建立一套解释体系来理解整体与个体的关系。作为社团化的人，一定会建立人与人之间的集体联系，这种联系又成为社会生活的原则。一方面，形成社会集体生活的规则，另一方面，又影响着个体生活的选择。社会学的确是解释性地理解人类活动的一种开启工具。

*

现代社会中人们对风险的认识越来越理性，却又越来越不确定，以至于人们总是通过极为清晰、简洁的真与假、好与坏、正面与负面等二元符码化来区分风险所带来的影响甚至区分风险自身。人们通过二元符码化来形成符号化的标准观点看待理性的秩序，从而形成与区分界定相合作的风险行为预判。

如尼克拉斯·卢曼所说，现代社会以二元符码化的形式认识高度特别的形式，将风险行为拔高、规范化、语境化，因此人们也能将观察归因于特定的符码系统，认识到在哪个风险网络中活动，在哪个风险网络中不活动。甚至当在一种二元符码的语境中处理事实的时候，所暗示的不只有情况的正面价值，还有情况的负面价值。

社会分化与语言的符码化，使得现代社会中的风险行为及对风险行为的界定评判都成为持续性的、系统化的符码系统，易变的不确定性也使得现代社会的错位感成为偶然性的系统。二元化符码使社会结构性的复杂化变得简洁，但同时又催生了新的风险系统的社会化断裂评判标准，社会始终是复杂的。

*

任何社会科学都是基于主体行为的社会现象而展开的问题解释及解决。社会现象既有人的本能方式的推动，也有意识方式的驱动。因此，社会现象一定是特殊性的全面展示，而不是全部性的特殊展示，这成为社会科学都呈现出立足于特定语境的共识面貌的探究特性。如雷蒙·阿隆所说，社会现象是特殊的现象，它是由个人的组合产生的，在本质上是与个人意识水平中产生的东西不同的。社会现象可以是一门普通科学的研究对象，因为这些现象是分成类别的，而各种社会本身又可以被分为“属”和“种”。

因此，通过类别化的演绎分析，才能解决社会本身的观察突破。社会的整体状况与个人的觉悟动机不能简单地通过因果联系进行解释。成群集聚总是特定语境中的事件群记录，无论如何，整合与分散都是社会历史变迁的类别形成方式。

*

参照群体的概念将自我与他人、个体与群体进行了连接。个人于是有了群体思维，而个人在其特定的个体意识中对不同参照群体也会形成特定的思维定式。

个人的行为、想法、价值观念等开始受其所属的不同参照群体影响而产生出形形色色的人类现象，独立人格失去了意义。

如贾雷德·戴蒙德所说，我们也许在潜意识里将人归为“好”或者“坏”，就像如果有人具有某种美德，这一美德似乎就会在他的任何行为处闪光，若我们看到一个人高尚美好的一面，那么将会很难发现他不光彩的一面。对我们而言，很难意识到人性并非一成不变的，而是常常由各种毫不相关的经验拼组起来的马赛克。

参照群体对个人的影响，也是呈马赛克式的多样化变动，有积极的，也有消极的。人们通过比较或规范构建新的公共性社会集体，与群体形成既吸引又排斥的关系。无论如何，社会分化在现代化进程中越来越复杂而细微。作为个人理智催化剂的独立思考，终究丧失了远见的卓识，只因参照群体的存在，同样迎合着现代社会的统一化、标准化。然而，人性的多元化同样也是形成参照群体的人类产物。个人生活的时代更迭总是在社会生存训练的同时，浮现着社会化的公共生活。

*

现代性的概念从诞生之初就备受各领域的关注与借鉴，似乎现代性趋势成为社会发展的主流背景。现代性在人类史上出现的时间很短，但影响极大。现代社会中的任何现象几乎都可以通过现代性建立背景与分析框架，但现代性与传统之间始终存在着一个碎裂带，其间残留的传统习俗依然与现代性产生分裂或重组。如此策略之下的现代性已经与其初衷有了灵活多变的应对性融合并产生假象，均质与异质总是一种中介图示，于是后现代出现了。如保罗·利科所说，随着“后现代”一词的出现，且英语作者经常将它作为现代主义的同义词来使用，现代性讨论进入了第四个阶段。后现代否定性地包含了对现代及现代性的一切可接受的意义的否认。现代性概念的最近用法中，仍包含着对于其差异和对其自身的自我偏好的某种程度的合法化，就此而言，对任何规范性论述的拒斥就会不可避免地使那些自称为后现代主义的观点失去所有可接受的和可能的辩护。

一种思想及观念的转变，只是形成了一个新的价值仲裁者，而日常的束缚与个体化之间也会形成从众与对抗的微妙转变。无论如何，后现代也仅仅是一个记述人类现阶段社会的认知框架与分析技术。

*

人的经济性与政治性从本质上始终离不开动物性与人性的混合，资源的获取分配便是典型代表。如贾雷德·戴蒙德所说，人类历史的发展证明，自然资源分布不均是一个容易导致国家的内战和分裂活动的诱因。自然资源一直带有经济与政治的双重特征，资源的丰富程度体现着经济性，而资源的不均衡性体现着资源的政治性，并且二者在日益全球化的进程中出现了不同程度的转变。

当资源的经济学意义扩大到政治学意义时，经济性与政治性的冲突会上升至动物性与人性之间冲突的新增长阶段。在我们的文化中，支配着所有其他冲突的最关键的政治冲突就是人的动物性和人性之间的冲突，也就是说，西方政治学的起源是生命政治学（吉奥乔·阿甘本）。

如此来理解资源、环境等生存条件的争夺时，生存本能并不是复杂的逻辑运筹，生物意义在社会属性体系中始终存在，人类社会的运作动力总是架构于动物性与人性的互构共变中，人类机制也是变化的。

*

世界并非是清晰的，为了使其清晰，人类利用科学来辅助，但面对周遭世界的复杂，人们需要建立客观的思想来解答。

现代生活充满了偏执和妄想。我们周遭有着各种各样不详和神秘的力量。科学与伪科学的界限模糊得令人绝望，自然与超自然的界限同样难以说清。种种的困惑和混乱笼罩着、威胁着我们，但事实就在那里，它有待那些勇于超越现实限制的人去发掘（斯图尔特·艾伦）。

然而，现象与认识之间、事实与知识之间总是非闭合的关系。因此，建立什么样的客观思想尤为重要，因为通过客观态度来理解世界的复杂性与精妙性才是有意义的。

如加斯东·巴什拉所说，客观的思想远不是进行赞叹，而应当讥讽。如果没有这种不善的警惕性，我们将永远不可能采取一种真正的客观态度。科学的态度一定是讥讽的情绪反应，而不是盲目地随从赞叹，一定是警惕性的情绪结构再建，而不是麻木性的附和系统重建，唯有如此，世界才是有意义的隐秩序环境。

*

社会发展的后期阶段一定绕不开知识社会。其实知识社会从人类诞生之初已经存在，只是知识的积累是一个由慢到快的过程，知识作为人类创新的共通语言，在不同的社会发展阶段需要不同的知识创造群体来言说与延展。由工具人到技术人的转变是技术结构运演的缩影，而由技术人到知识人的转变，才是真正进入知识社会的象征。

将来的知识社会必须将“知识人”的概念置于核心位置。“知识人”之所以必须成为一种普遍概念，是因为知识社会有各种各样的知识，是一个全球化的社会，无论是货币、经济、工作、技术，还是最为重要的信息都是全球化的。知识社会需要一种统合力量，需要一个领导群体，能将地方的、独特的、个别的文化传统整合为共享的价值体系、共同的优秀标准，并相互尊重（彼得·德鲁克）。

知识人在全球化的过程中有着巨大的聚合力，而当知识社会超前于知识人的认可与认同时，社会的宿命依然无法摆脱非知识的推崇，全球化并非是一体的同步的，也并非是知识同构化的。

*

自利奥塔提出后现代主义的特征及反思后，人们开始对现代社会有了新的认知思路。现代社会由于受工业化机制的调节，生活环境发生了极大的改变，从物质环境的充足到生活质量的飞跃使得现代社会成为人类社会的标准化目标，现代化的信念已经深入人心，多元化的人类生活已然被绝对的、普遍的、相同的美好设想所控制。正因为人类是由具有想象力的个体所组建的群体，现代化的力量深刻地吸引着人们对自身未来的憧憬，人们少有怀疑多元价值的存在意义。然而统一的思想体系总是建立在统一的假定设想，质疑现实与怀疑信念仍然是必要的人类行为。现代社会被看成是由工业化和阶级团结所建构起来的，而社会身份在很大程度上是由人在生产体系中的地位来决定的。后现代社会，一方面是一个日益分裂和多元化的“信息社会”，个人在其中从生产者被变成了消费者；另一方面个人主义取代了对阶级、宗教与种族的忠诚。因此，与后工业化相联系，后现代性指的是，社会的发展不再依靠制造工业，而更多地依赖于知识和通信（安德鲁·海伍德）。信息社会的运转需要借助信息化语言，而知识和通信更是语言的产物，于是语言的作用再一次显现，叙事才是人类社会构建的伟大手段，但叙事也需要叙事化的权力体系来建立，对一切的怀疑还需要怀疑吗？

*

网络时代中的短视频展示如今极为火爆，这种趋势覆盖了整个人类社会的各种社会互动。无论短视频展示的目的是什么，但在其展示的过程中，都体现出查尔斯·库利所提出的“镜中我”的概念及特征。

短视频展示又一次使得自我观念进一步延伸与拓展，也反映出人类的反思智能不仅仅立足于自身还需要重视他人意识，这是社会的本能，也即自我是与别人面对面或虚拟化面对面互动的产物，自我观念是在与其他人的交往中形成的。短视频展示的行为建立在自我的认知基础上，并通过与他人的社会互动形成反映自我的一面“镜子”。“镜中我”的概念，可以帮助网络群体中的每个参与者认识到个人与社会之间的相互作用与意义关联，也可以建构起自我与他人的相互渗透与行动联系。

然而当整个社会都高度沉迷于虚拟化面对面互动的社会行动时，自我又很容易被真我所遮蔽，正如丹尼尔·米勒所说，一个人的终极真我不仅仅是他们自己心中的自我，也不仅仅是他们心中的理想自我，而在本质上其实是别人观感里的那个我。网络时代中被信息流包围的个体还是个体吗？

*

网络时代的崛起，使得互联网成为人类社会新的消费工具，高度聚集的城市人群又是网络节点的重中之重，成为最主要的网络消费对象。作为对价值的公共追求和私人追求，购物已经构成了我们这个时代的主导文化（莎伦·佐金）。信息时代之前，人们游荡于城市街道与市场，形成独特的城市认知与体验关系，而当前信息时代下的网络购物对传统实体购物到底有无影响呢？同质化的城市购物商品也许会形成单一的认知水平，人们丰富的感知力会趋同吗？我们需要的是社会分化的差异性感知，可感知的事物存在于它们可以被感知而不是它们实际上被感知（乔治·贝克莱），我们需要无限的万物存在，全球地方感需要保留下来，时空压缩背景下，我们也需要有地方性识别的可能。

*

信息时代中的公众参与活动有时很难落实，人们往往关注于便捷的参与方式，但却忽视了信息时代中信息获取与传达的复杂性。因为便利的信息获取同时也意味着更为碎片化、分异化又主题化、从众化的信息反馈表达。其中，社交媒体成为信息时代中的核心工具，社交媒体从沟通工具演变为生存工具。社交媒体是一个复杂系统，是由数不清的人组成的，他们具有形形色色的观点和目的，很难知道他们是些什么人，他们会发起哪种特定的宣传攻势（克里斯·克利尔菲尔德，安德拉什·蒂尔克斯）。

在这样的情况下，信息的传递变得越来越复杂，一边是毫无顾忌地随意表达的情绪，一边是处处提防的犹豫不决的基调，人们被信息的狂潮所裹挟，但又无法回避信息辐射的冲击。而在需要公众参与并反映公众意见的相关行为活动中，最终也成为信息夹缝中数字世界生活的新型复杂系统。

*

全球化伴随着人类社会的前行产生了很多影响，并已成为当今社会发展的集体趋势。全球化影响下，媒介越来越成为社会的联络机制。全球化由最初的经济全球化向技术、社会、文化等方面蔓延，其中媒介成为集经济、技术、消费、联络于一体的全球化表现前沿。

媒介全球化相关过程与线性时间的断裂透露出一种感觉，即未来很可能是混乱的、无组织的和日益不可预测的。全球媒介的事件驱动的特性会促成一种脱离控制的有着猛烈冲突的世界的印象（尼克·史蒂文森）。

城市处于全球化的节点位置，而对城市的未来预测也同样面临着更为复杂的情况。全球化下的城市发展将开始从经济贸易转向信息媒介，只是面临快速的信息联系与互动趋势，人类生存共同体的不可预测也越来越明显。

*

物质环境是人类生存的基础。前科技时代，人类对物质环境都是"顺从"的认可，空间隔距使得人们的生存环境是不可移动的，人们只能生活在"命中注定"的现实空间中。

而在网络时代中，数码技术重新改变着人的生活空间，虚拟空间开始出现，从而为非主流的社会特殊群体提供了新的生活空间。

正如汤姆·博勒斯托夫所说，在现实生活中，每个真实的自我被束缚在无法选择的躯体与社会规范之中，而在虚拟世界中，我们反而能走进那个真实的自我，去探索那个真实的自我。虚拟社区中的角色并不是一个代替符号，而是建构自我的开端。

信息时代的来临使人们的生活极为便捷，而在社会化交往中，我们的确要感激信息时代所支撑的"正义"社会的形成。如社会低收入阶层、身心障碍阶层、少数族群阶层等被大众忽视的特殊群体，在正义社会中不仅要为他们提供物质环境的参与通道，也要为他们提供社会时空情境的重建路径，日常生活的关怀终究使身体与心灵的认同重获。

*

经验与体验是一对有趣的感知手段，人们日常生活中同样需要二者，但二者的区别如何是一个值得思考的问题。社会的进步使得信息化经验与体验开始出现，二者的特征也随之出现微妙的变化。

经验是变化的，即被他者改变，而体验则将自我延伸至他者和世界之中，是一种同化机制。

社交网络中的"朋友"承担的主要功能在于提升个体的自恋式自我感受。他们构成了群鼓掌喝彩的观众，为自我提供关注，而自我则如同商品一样展示自身（韩炳哲）。

如今在信息化时代中，人们的生活方式发生很大变化。人们都追逐于体验的主流方式，而忘却经验的本能反应。体验过程出现并形成了经验的体验化与体验的经验化并存的局面。无意义的自恋注定让人们变成众生的集体失语，而让快速的同化成为自我消亡的替代。

*

大数据的兴起对人们的日常生活产生很多影响，人们的感知体验、社会交往、文化意识、价值认同等都开始改变，而在诸多与人的行为活动有关的研究领域，大数据成为其便捷的辅助工具。斯科特·麦夸尔提出网络数字媒体媒介其实也是大数据的信息传播来源媒介，他称其为地理媒介，而融合、无处不在、位置感知和实时反馈是其重要的四个特征，这四个特征也反映出网络信息时代中人们的日常生活已经与数字媒介形成紧密关系，从而对人类社会的发展也开始重新塑造。

地理媒介所涉及的定位与全时功能使空间与时间模糊化，形成大数据的最主要特征。因而，人类行为活动的共时在场性开始出现，整个人类社会的时空关系重新建立，中介化的媒介工具转变为直接化的场景塑造技术，人们都被卷入这场数字化浪潮中。

城市由于人口数量庞大，更是大数据获取、形成和利用的主要区域，陌生人组建而成的城市社区，通过大数据来消除差异化的集体交往与活动，而在数字化交往时代中，人们又成为大数据的产出者与利用者，也成为数字生活的创造者与参与者。大数据使生活时空的固定性转变为时空生活的移动性，没有任何时滞的场景共存使共时共场代替错时缺域的模式，这只会将人类带入更庞杂的信息环境与更快的生活节奏中。正如斯科特·麦夸尔所说，被技术增强后的人通过地理媒介，无时不在、无处不在地实时连接，似乎能够突破时间、空间和物理的限制。但实际上，这样的追逐越来越使人疲于奔命、不堪重负。人类社会是多元化的，人们需要重新认识大数据的利与弊，而不能随波逐流。除去利益追逐外，回归日常生活的行动实践依然是人的心灵安逸的生存技艺。大数据时代中，人们要让技术服务于生活，而不是让技术绑架生活。

*

监视技术是一项随着社会发展而变化的公共秩序规范保障，而随着信息技术的发展，监视已经从身体控制转移到信息控制。身体控制是一种在场景象，是前工业化时代中的行动管控手段，而信息控制是一种痕迹迹象，是信息时代中的行为收集手段。

戴维·莱昂对监视的定义超出了现代监视社会中的实际监视情况，监控技术不是以我们活生生的身体而是以碎片化的个人数据为焦点，通过保存、核对、修正、处理、买卖、流通间接地进行监控，正因为如此，才可以更加隐秘地影响我们。

人们在监视社会中成为被监视的信息来源，也成为监视信息的获取工具。信息的极速流通的确需要认真思考每个人被监视的整个人生。关注自身有时要比解释自身重要，只是在监视社会中人们都只关注监视的松散随性，而忽视了个人隐私的重要性，被只关注利益的便利占据而忽视自我的数据保护。

*

互联网时代中的新闻已经由权威宣布扩散到大众宣传。如果说前信息化时代中，新闻所传递的信息是人们获取周边世界信息的唯一来源，那么在信息化时代中，新闻的价值已经悄然减少。毕竟现代生活中新闻的作用也开始减弱，人们从传统的阅读新闻信息转变为创造新闻信息。

但我们生活中的大多数新闻都是不起作用的，至多是为我们提供一点儿谈资，却不能引导我们采取有益的行动。这正是电报的传统：通过生产大量无关的信息，它完全改变了我们所称的“信息－行动比”。

阅读新闻至少让人们有思想上的认识乃至对行动产生借鉴，而创造新闻只能是盲目地创造个人信息痕迹的自娱式展示，冗余的信息对行为的指导几乎为零。而人们却乐于沉迷于此，沉浸在自我创造的无效信息泡沫中，行动也成为一切信息施动的携带。

*

城市化成为势不可挡的全球趋势，城市化的后期即为都市化。都市化时代意味着绝大多数人聚集在城市，人类社会将进入都市社会。在都市社会中，人们的空间感会发生极大变化，除真实空间外，还有虚拟空间存在，虚拟空间将成为都市生活的重要组成。

当代都市发展有一种特殊的空间现象：虚拟空间在城市发展中的地位日益重要。虚拟空间是人们以信息化互联网方式为代表所形成的生活与生产空间，这种空间与人们的具体生活关系密切。人们有大量活动在虚拟空间进行，并且已经形成常规化依赖。

虚拟空间对都市生活的影响越来越大，而消费特征成为虚拟空间的重要表现。消费的差异是形成空间分异的主要动力，在传统工业社会中的城市中，空间分异很早就出现，建立于经济消费之上的个体选择是基于差异化的文化空间取向，而依附于差异的经济水平最终形成异质化的城市居住空间。

空间差异是现代都市生活的特征，并更加呈现出多中心、碎片化、混乱化的趋势。当人们都集聚在都市中，虚拟空间同样会形成空间分异。因为文化价值的集团一致性一定会出现，而文化的局部异质化会引起全局的异质化，从而形成空间的再异质化，总的趋势依然是无序的拼贴和混乱的分裂。

虚拟空间是更松散却更敏感的集体消费行为，这一信息化技术支撑下的集体行为是不可逆的，是全球化与城市化的交会趋势，虚拟空间将在都市社会中形成新的空间生产模式，从城市社会到都市社会的转型是复杂的。

*

科学总是少数人的工作，而当科学与媒体相遇时，科学所提供的信息往往会被媒体世界所取代。科学的媒体化后果，是越来越小的内卷圈形成，而更加远离大众生活。

从部分科学家的言论中，我们知道：媒体世界痴迷于追求娱乐多于提供信息，重视形式多于内容，受此倾向驱使，媒体提供的是一个肤浅、表象的世界。媒体世界充满了烟幕和镜像，那里的一切都不够真实，在关注阅听率、目标受众、财务利润之余，科学真理问题无人问津（斯图尔特·艾伦）。

对于普通大众而言，娱乐是低成本的、易获得的，而科学是困难的、远离经验感受的。科学的价值，很难只通过科学信息单向传播让人们接收，但日常生活的科学化又会改变人们的科学生活化观念，人们通过媒体会形成科学叙事的疏离态度。

虽然科学真理是唯一的、理性的、客观的，但生活仍然有多种可能，毕竟生活从来不是严肃的理性。

*

社会科学的研究方法起初都是借鉴自然科学，但又不同于自然科学。历史学和社会科学都注重因果决定论。无论要达到何种国家政策，人口都不是一个外在因素，即从外部对社会施加单向影响。相反，人口发展于社会本身，在很大程度上受环境影响，也反过来塑造环境（保罗·莫兰）。

因果关系的机制演绎不一定是准确无误的现象解释，而人口因素总是认识与解释社会环境的基础。人口因素与社会环境总是相互双向化地演变推进，这种常识性的表达，始终是认识人类社会环境变迁的必然视角，因果机制的逻辑构建也不一定是解释现象的唯一原因。

*

动力机制是一个趋于泛滥的词，在很多学术研究中都有讨论，而在很多社会科学中同样采取了各种动力机制的分析。但由于社会行为的差异，社会科学并不会呈现出精细化阐释。人们往往认为动力机制仅是个人行为动机的社会行为扩大化，但行为动机都是基于个体行为动机的集体行为。

因此，动机的意义就极为微妙了。一方面是个人的主观化驱动，另一方面是个人的客观化被动。如玛丽·K. 斯温格尔所言，我们不谈词义上的区别，一个人有动力做某事和对某事成瘾的唯一根本区别就是结果，其内在和大脑机理是完全相同的。成瘾，是说对某些负面事物的不懈追求（比方说，明知某些东西有害仍然要去做），而做某些正面或者中性的事情则被称为驱动力。这个分界线并不完全清晰。

如此看来，动力机制的甄别不仅仅是模式化地罗列若干个因素，还应该有因素的内在形成动机，这才是一项有价值的工作，只是价值的反映也需要借助于社会性存在的思维来判断。

*

科学时代对人们的科学化视野有很大的推动作用，但科学也是从最初的事实呈现向支配性动机转变。科学总是试图通过审视现象与考察事实来解释现实的真相，但总有一些现象很难通过科学去解读。

因此，当求知目标与智慧成为人们的道德关注时，未知信念的社会现象仍然有待于人们去探求，但社会想象总是比自然现象复杂，观察与控制都不能操纵社会，事实是世界的由来吗？

*

科学遍布在当今社会的每个角落，但大众似乎对科学的理解并不完整也缺乏兴趣。之所以存在此类现象，主要是从事科学相关工作的人并没有从科学的简化特征入手来实现科学的价值，而是往往通过极为复杂且看似极具专业性的手段和方法进行科学知识的创造与传播。简化是科学融入社会的重点。

科学不仅是一种视角转换的能力，也是一种信息简化的能力。因此，科学不仅仅只是一种创造。如雷蒙·阿隆所说，恰恰相反，科学要求一种再创造的精神活动，其首要特性是简化。人类社会和我们生活在其中的自然界太丰富、太复杂，科学无法一下子就完全理解它。因此科学总是从简化开始的，它观察并抓住某些现象的某些侧面，给它们以严格的概念，然后建立这些概念内含的各种现象之间的关系，再逐步努力组合这些简化了的逼近法，以重组复杂的现实。

当科学与社会结合，科学的确需要组合和分解概念，只有通过简化才能实现比传统自然科学更能把握的科学覆盖度。多样性是公共智识的变化，而简化是符合理性秩序的度量手段，简化能形成标准与秩序，能构成清晰与抽象。因此，作为简化的科学观才是真正的科学内核。毕竟，从社会科学视角看，共同感知一定是一体感的简化共同性。

*

科学与社会时代紧密相关。在中世纪之前的旧时代中，科学尚未登场，而之后的新时代中，科学成为人们直视世界的工具。由于科学的出现，新时代总是呈现出试图改变、改进及变革世界的特征，然而，这种特征并非单纯的科学本身的特征，而往往会融合资本、国家与新时代的社会形态相结合，如斐迪南·滕尼斯所说，科学作为第三种社会形态，尤其是新时代的社会形态，加入资本和国家的行列，与它们搭伴同行。它与其他两种形态有根本的不同，与它们有诸多的、强有力的联系，即基本上在相互作用的关系上，正如资本和国家在其不断的相互作用中一样，虽然往往相互妨碍，但是，它们主要是相互增强和促进。科学也力争统一，力争建立有系统的秩序，力争简化和强化它的各种方法：它的规律也是经济学。

可见，科学所力图建立的科学效果秩序也依然是经济效应的驱动或结果。新时代的社会状况通过科学来改造制度、改变情感。科学改变了生活机遇并成为资本与国家运转的利器，最终成为一种社会形态，也成为一种新的视角转换方式，还成为一种修正社会秩序的技术逻辑乃至话语逻辑。

4. 社会与空间

空间是一个复杂的概念，城市规划所涉及的空间是最简单的空间类型。亨利·列斐伏尔始终不赞同城市规划这一行业，认为城市规划被某种意识形态所支配，具体包含三个命题：

（1）城市规划行为的一致性与经验性，要求其经常使用其他领域的概念与方法。

（2）城市规划从业人员用理论方法检验城市规划专业，试图构建一个以经验为基础的知识体系。

（3）空间科学才是城市规划知识体系的特征。

我们结合当前城市规划工作的演变，可以进一步认识亨利·列斐伏尔所讨论的空间这一对象及其价值：城市作为城市规划的对象，会有城市社会网络，因此城市不能孤立在社会脉络之外，有时不仅仅是城市社会，还应该有乡村社会，但社会互动与空间生产造就不同的世界，因此地方化的社会需要很重要，这是突破规划行为一致性的客观需求。

分析空间的社会使用比分析空间的功能使用更有价值，空间是社会的产物，会产生普遍性的空间爆炸，因而需要认识城市空间的社会属性，一定会借鉴相关理论。

空间与时间一定是等同的，需要摒弃对时间的过于关注，空间是政治的，回归空间在社会理论和构建日常生活过程中所起的作用，才是城市规划的社会责任。

*

城市化如今成为普遍化的社会现象，也成为人们家喻户晓的概念，幸运的我们正亲身经历着这场激变。

关于城市化，人们都关注的是一个国家或地区城市人口在总人口中的数量比例变化。在城市化进程中，这一比例是持续增高的，似乎高城市化率代表着高社会经济水平。

随着人们大量涌入城市，城市化又形成巨大的自我引力形成内卷。但是人们往往似乎只注重城市人口的情况，而忽视总人口的情况。城市化是与城市人口有关，但同时也对总人口产生巨大影响，城市化在提高城市人口数量的同时，也在间接地改变着趋于减少的总人口的数量。并且这已经成为未来全球人口下降的共同现象，也是人类历史中人类自身所形成的人口下降的独特现象。

城市化使从事农业工作的人口逐渐减少并开始转向非农工作，而农业与非农业对人口的需求量不同，城市与乡村的人口生育成长的成本也不同。人口作为乡村地区的投资向作为城市地区的债务转变，从而使得城市化改变了生育经济学的自我评估。同时，女性在城市化中更有价值观变化的可能条件，对生育观念有很大影响，城市生育率开始下降，总有一天人口流失现象也会出现。

这些主要原因共同调节着全球人口的减少，人口的减少对人类而言并非好事。当城市化率达到峰值时，总人口也达到了拐点，人类将生活在一座座变老的城市中，城市老龄化几乎代替了社会老龄化，城市化终于将城市人口变为总人口。随后社会发展动力将会减弱甚至停滞，马尔萨斯的预言终究没有实现。

持续增长或减少的人口都是不持续的，稳定的人口数量是社会稳定的基础，人类命运共同体在全球化视野中离不开人类自身。

*

空间的生产实际上在人类诞生之时就伴随着出现，只是这一现象是缓慢的，而工业革命后，工业化推动着城镇化快速前行，进而空间生产的凸显性开始呈现，因此，空间生产是现代主义时期的利益衍生产物和现象。

空间生产的量化或表现，目前更多地仍然依赖于二维的平面测量，实际上容积率不能被忘记，城市建设土地扩大程度并不一定直接反映空间生产，城市建设总量变化程度或许更有预期效果。因此，从城市规划角度看，空间管制同样也影响着空间生产，只是城市规划是一个特殊的政府权力。

微观层面的空间生产实践研究，不仅仅着眼于乡村。中国城市本质上仍然是村庄集合，城市中大量的住宅小区以及由小区组成的社区，特别是小区的内向化建设与物业化管理，在本质上依旧带着乡村社区的惯习。

*

城市空间分异往往是根据空间选择的人类群体身份所界定的，即空间分异是使用空间的人的分析，而非单纯的空间的分异。人的分异是指使用空间的人由于社会影响形成不同身份的人，因此身份决定空间使用的状态及类别，身份的形成就成为城市空间分异的最初动力。

起源于劳动分工的身份－住所－空间的逻辑链条是阐述城市规划过程中物质空间

环境演变的思考工具。身份与空间的关系是体验－意义、聚集－分离的社会化互构机理所构建的，如肖恩·埃文所言，住所的选择和身份认同一样，绝不是凭空做出的。社会身份在空间内构建和扮演，根据这一空间的设计和用途来行事，房产开发商、金融从业者、政府、房东和居民自身的行为都会卷入其中。

如此来看待城市空间分异现象，从宏大呈现到微小观察都有多元化、多层级的互渗演化特征。群体性的人类无法独处，内心世界的变化是持久的也是瞬间的，驾驭着我们内心最深层的自我的，是看不见的主人，面对一次次反叛，他们都安然无恙；唯有千百年的光阴，才会使之消磨、式微（古斯塔夫·勒庞）。心理世界与物质环境之间的界限标准有时会发生疏失性变化，城市空间分异现象仍然是流动化隔离的群体心理产物，也始终是身份—空间的社会群聚形态呈现。

*

城市空间的异质性始终存在，人们热衷于对城市空间分异进行研究，似乎要通过研究来解决空间分异问题，通过各种方法使空间同质化。但共性化的城市空间很难存活，因为生活在城市中的人群是有差异的，而人类差异的本源是互动与组织。

社会组织的真正意义在于，它带来了共性并将局外人排斥在外。只要有互动存在，只要那一互动不能一次性囊括世界上所有人，我们就永远不可能变成一样，是社会互动和社会模式让我们彼此不同（乔尔·查农）。人的差异会形成生存空间的差异，而生存空间又是互动和组织的基础，一个社会—空间演化的闭环形成。

空间分异仅仅是社会生活的表象（图 13），我们需要考察空间分异表象下的空间的正义，空间中所涵盖的生活的公正，这才是空间分异持续存在的认同感。城市空间分化的结果仅仅是表面的隔离，而共生平等的心智的平衡才是城市社会生活的巨大潜能。公平感是异质性物质空间的权衡，也是同质性社会空间的理想。

*

芝加哥社会学派对城市空间、城市社会、城市问题的认识有很大影响，就如城市地理学理论始终绕不开经典城市内部空间结构模式的内容一样。芝加哥社会学派针对城市问题、社会生活及空间结构的分析研究中一直流露出竞争的首要主导倾向。

城市生活的再认识需要借助经验性的现实情境，多元化的城市社会关系一定会形成重塑社会生活的机制之一，权益抗争是社会生存状态。

从人类生态学角度看，无情的生存演算法则告诉我们，从终极意义上的进化原因来看，竞争是导致社会分裂的根源。然而，鉴于他们的身份标记在不断进行的迁徙过程中多少会发生变化，所以不管人口压力如何，团队社会都会不可避免地在某个时刻发生分裂（马克·W. 莫菲特）。

图 13 空间分异的另一种视角

城乡规划视角的空间分异总之是立足于地图上的俯视视角，而进入分异的空间立足大地上的仰视，可以感受另一种空间分异的社会生活表象。

城市中的空间分异现象从来都不是独特的存在与现象。只要熙攘的人们集聚到城市中，利来利往的追逐借助于资源的稀缺性一定会导致竞争，这是城市经济发展前进的第一动力，经济—社会—生活—文化互动起来，共生逻辑催生社会阶层，随后居住地选择、生活区构建都逐渐形成。

如此，从自然进化的视角看，城市空间分异是影响城市空间正义的城市问题吗？空间分异不仅是地理空间的分异，更是经济—社会—生活—文化之间构架起来的城市生活界域选择，但生活会有公平标准吗？

*

由城市社会学领域提出的中央商务区（CBD）是城市典型地域空间的之一。如今，在建设发展的过程中，许多城市都青睐于中央商务区的建设，并往往借助城市规划中的新城新区进行建设。但从城市规划角度看，中央商务区只是高楼大厦的集聚区，其空间中所承担的商务活动都是以金融中心和商贸中心的基地为支撑，并且往往是市场力量所形成的城市高强度建设区。商务活动才是中央商务区的核心功能，从而又成为城市的标志性景观区。但当城市都热衷于中央商务区的表面炫目景观时，还应该考虑中央商务区所代表的城市时代特征与空间演化机理。

中央商务区是城市化过程中的经济转换方式更新后的新的经济空间需求，而凯恩斯主义之后，主流的、公认的、制度化的新自由主义则成为中央商务区成长的时代保障。仁慈的面具已经成为新自由主义理论才智的一部分，它花言巧语地鼓吹自由、解放、选择、权利，为的是掩盖严峻的现实——赤裸裸的阶级力量的重建或重构，这样的现实发生在地方和跨国的层面，尤其是发生在全球资本主义的主要金融中心（大卫·哈维）。

新自由主义思潮下，城市成为区域的中心，全球化环境中的城市发展运转的资本成为流空间的重要内容，资本运动与空间生产的中转与交织，需要金融中心的出现。壮丽的中央商务区景观与虚假的城市生活被金融化所淹没。全球金融化之下的中央商务区建设是大众的伪装与城市的假象，需要认清新自由主义下的经济发展的本质才是其成因，也需要认清城市活力的热潮是建立在生活的金融化之上，而非金融的生活化。

*

专业的精细化发展本来是为了精准地应对专业问题，但随着社会发展的综合化，专业逐渐变成非专业，专业与非专业之间的壁垒也逐渐消解。如同城乡规划专业一样，应对复杂变化的城市空间对象一定不是能度量的物质空间，空间背后看不见的经济利益才是最核心的机理。

正如经济学家约翰·凯伊所言，过度的专业化让人生厌，专业化带来的利益也会因此消耗殆尽。技术的规模经济几乎比比皆是，最终却几乎总会被人类的规模不经济所抵消。我们需要的，正是这种小规模的非凸性与大规模的凸性形成的平衡。

因此，城乡规划所面对的空间也随着社会的发展转变为空间权属的发展红利。经济上的平衡有时并非是空间上的平衡，经济的规模技术有时要比空间的规模技术更具解释力，经济生活的维度可以解析城乡规划的表面现象，城乡生活不是城乡规划行为的解释而是源头。

*

传统的城乡规划所关注的空间依然是场所空间，城乡人群生产生活所依赖的场所一定是物理空间、认知空间和社会空间的统一。

虽然人文思想一直在向规划师提醒回归人性场所，但空间性的问题始终需要对社会生活的空间性进行重构认识。

爱德华·索亚认为，物理空间、认知空间和社会空间三者关联的这种解释依赖于一个关于空间性之动力以及（社会）空间与时间关系的假设：空间性是一种转变过程的产物，同时自身也可以被转变。作为一种社会产物，空间性能够随着时间的变化不断被补充或再生产，从而表现出稳定和持久性。但空间性也能够被彻底调整和重构，从而再次显示出它的社会根源并以社会实践和劳动过程作为自身的基础。

人是社会的动物，社会又是空间性的，场所空间一定又是社会性的。

*

人们总认为城乡社会关系是城市、乡村两种社会形态的组合。因此，城乡统筹、城乡一体化等概念，总是意味着城乡社会是分裂的，城乡社会不是一个整体。但事实上，虽然城乡社会是人类社会生活的不同环境，但是不管城乡差别有多大，不管城乡生活、生产甚至价值观念差距有多大，城乡社会都是通过社会群体的集聚才得以形成，只是社会化了的城乡社会群体的生活环境、生存方式仅仅通过不同的集体行为表现而已。

城乡社会群体在不同的社会环境中得以维持秩序，是靠规则制度来维系的，城乡社会并没有对立，有各自的制度也有共同的制度，制度才是城乡融合发展的关键。社会得以存在，不仅仅依赖于成员相互结盟的人际关系，更是基于成员共享的身份特征。与其他物种不同，人类在各个社会中都是通过各种各样的统治规则来维持社会生活的正常运转并促进各种社会网络的健康发展的（马克·W. 莫菲特）。

如此看来，城乡规划视野中的城乡统筹与城乡一体化，不仅仅是对土地利用安排、公共服务配套、基础设施建设等内容的仿城化甚至城市化，还应该从规划的公共理性角度提出规划实施的制度。而城乡社会网络同样需要有针对性且清晰界定的身份制度，身份是社会的基因，但身份一定不是固定的，身份的流变特征才是城乡社会的共处的动因，但也是由于社会制度才出现的，只是社会制度的衡量结果也从来不是完美的。

＊

为什么城市规划建设会出现“千城一面”的现象？个体化理论可以做出一定的解释。

对社会制度的依赖决定了当代的个体不能自由地寻求并构建独特的自我，男男女女必须根据某些指南和规则来设计自己的生命轨迹，因此他们最终得到的反而是相当一致的生活（乌尔里希·贝克，伊丽莎白·贝克－格恩斯海姆）。

如果生活在城市中的人们通过从众来创造自己的生活，相当一致的社会生活与千城一面的城市面貌在现代社会中会逐渐构成一种对接，幸福与追求从来不是被迫的行为。

＊

千城一面的城市现象历来受到争议，千城一面同样也意味着城市建设的同质化。现在需要考察一下城市建设如何变得同质化。

同质化的扩散形成病理变化，对社会体造成侵害。使其害病的不是退隐和禁令，而是过度交际与过度消费，不是压迫和否定，而是迁就与赞同（韩炳哲）。

当今社会中的每个个体经历着同质化的历程，涵盖同质化的生活、同质化的价值、同质化的行为，从而形成社会价值的同质化，城市建设活动只是一种社会环境的表达。

从社会学的角度看，城市建设活动也折射出过度交际与过度消费城市快速的空间生产，通过城市规划建设建造出吸引大量人群的触媒，大众都沉浮在追随大流的同质化审美中，人们也构成日常生活中的过度交际与消费，城市风貌的同质化也被同质化的价值审美所忽视，同质化是不真实的浑浑噩噩，同时又是没有主见的主见。

当简单的思路可以解决问题时，人们没必要再创造复杂的系统，即使人们的认知水平很高，但在信息量庞大的复杂系统中，总有被忽视的地方存在。一个细节的忽视将会改变一个系统的运行，人们无法完全掌握复杂性，防不胜防有时不可避免。

＊

社会科学的基础仍然是经济学，城市规划学科及实践都带有社会科学的色彩，而且从本质上看，也一直是社会科学的运行机制在推动着城市规划的运作。

城市规划工作过程中总是离不开市场的力量，同时也不能抛弃道德的力量，但增量时期的城市规划是城市空间增长的政府工具，规划的目标是追求效益而忽视成本，空间增长的动机也是源于效益。从经济学的角度看，成本，是人类选择的本质；被放弃的可能性，就是成本。效益，则反映了人类举止的可能性，选择之后所攫取实现的，就是效益。

但如此地看待成本和效益，的确是现代化影响下的社会环境快速变化的趋势导向。只是从道德角度看，城市规划中的成本是机会成本，总是有群体要承受成本的丧失而效益是额外收获，总是有群体要承受效益的流失，即使是在存量时期的城市更新时代中，成本与效益仍然是公共理性的分析及研判标准，只是个体化时代下的公共能否代替社会公共价值之下的公共？

*

秩序与权力是社会运转的保障，特别是在现代资本主义国家中，通过什么样的统治手段维持社会秩序，成为理解资本主义国家存在的重点。

葛兰西认为国家由政治社会和公民社会构成，因此，社会秩序的稳定既要有源自政治社会的强制性统治，也要有源自公民社会的共识性统治。然而，以往人们都把视野投入到暴力的强制性层面，而忽视了意识形态的共识性。从文化知识、道德传承等方面支持共同信念的下层共识越来越有配合着以暴力为代表的上层强制的趋势。"霸权"概念正是葛兰西的思想精髓，霸权是精心设计和试验的产物。而共识性统治最常见的操作手段即为教育，在教育社会学领域中，教育并非人们理解的那么简单，它是培养和塑造意识形态的工具。通过教育可以提高权力的合法性，树立社会救赎的信念，从而形成处于可控范围的社会权力，常识观念潜移默化地渗透到受教育者的个人意识中，并快速形成社会凝聚，教育成为培养社会秩序接受的策略。霸权的掌握真的是一项精湛技艺。

*

城乡规划研究对人口的理解往往是视其为城乡规模的自变量，通过多种人口预测模型和方法测算出人口规模，在此基础上确定城乡建设用地及公共服务设施的数量与规模，该操作过程成为传统的人口研究与城乡规划的常态化关联方式，但除了数量的意义外，人口通常还有质量的意义。

把人口资源放置于社会发展中看，人是社会的劳动力，是创造社会财富的主体；再缩小范围，把人放置于经济资本流通中时，则不能只关注人口的数量，还应该关注人口的质量，毕竟人是追求生活品质的。正如大卫·哈维所说，个人进入劳动力市场时是带有个性的个人，是镶嵌于社会关系网络之中且以种种方式社会化的个体，是可以用某些特征（如遗传特征和性别）辨别出的生理个体，是积累了不同技能（有时被称作人力资本）和品位（有时被称作文化资本）的个体，也是怀有梦想、欲望、雄心、希望、疑虑和恐惧的活生生的人。

工业化时期的劳动力是机器型的人，也是被迫技能化的劳动力。而在信息化时代中的新自由主义思潮下，劳动力已然成为机器人型的人，成为主动迎合新自由主义的机器人，单调、失效、分裂、敌视都成为集体生活的表象，并都呈现出愈加明显的态势。阶级分化成为变相的繁荣昌盛生活景象背后的人类社会退化，并成为未来社会再造的新基础。

二、关于文化

1. 文化的创造性

文化一个宽泛的概念，文化总是与地方有某种天然的对应关系。地方特殊性是自然环境与文化形态形成的秩序关联的必然性背景。自然环境是物种印记的特质，在此基础上会形成社会心理与生存目标，二者会创造出意义的根源。

亚历山大·H. 哈考特说，文化地方特殊性的形成方式，跟物种特殊性形成的方式相同。与外界隔离的文化和物种会按它们自己的方向发生进化，不受更大范围内其他语言、人口、亚种或物种的影响或稀释。

从而一种全新的生活态度崛起，当受到外界影响时，共识性生存逻辑总是会形成审察自我的意识形态，生活智慧是自然的进化方向，是一种保障性的自利观念。因此，生存传世的朴素表达一定是特殊的共同理想。进化就是共相中的殊相。

*

文化是人类社会发展过程中形成的人类群体现象，是人类认识世界、认识自我的路径演进痕迹，也是人类阐释世界、解释自我的日常生态。文化在形成过程中，又往往依附于社会。而如果要确切地界定文化与社会时，二者仍然有不同的特征体现。

文化和社会之间的关系可以这样理解：文化指人的存在中那些习得的、认知的和象征的方面，而社会指人类生活中的社会组织、互动模式和权力关系。这种为了分析而做的区分，虽然起初看起来可能会使人感到困惑，不过最终它将会使人明白其意义（托马斯·许兰德·埃里克森）。

文化是群体的共有记忆，会创造出认同感乃至自豪感，是集体化精神价值的行为反馈，而社会是群体的共有环境，会创造出变化性乃至相互性，是群体化生存互动的行为保障。

文化与社会在各自的优势之下，使得人类活动得以重组或改造，文化形塑之下的社会构建，总是能呈现出文化与社会的转变与延续。

*

文化的变迁是人类文化演变的特征之一，也是最为深层的人文价值内核。但人们对文化的变迁都是基于生活处境的主观化意义附会，而非从起初较迟缓的历史必然性创造活动中去思索，诸如各类发现或发明是社会文化单元的形成根源，只是发明或发现作为人类社会的创造类型，却由于人们的习以为常反而又成为被忽视的现象，并演化为文化萎缩趋势。

起源于社会内部与外部的发现和发明，最终是所有文化变迁的根源。但是，它们并不一定导致变迁。如果被人忽视，发明或发现就不会发生文化的变迁。只有在社会接受发明或发现并有规律地使用它们时，我们才谈得上文化变迁（卡罗尔·恩贝尔，梅尔文·恩贝尔）。

因此，一定时段内接受和使用发明或发现等新的创造，才是保持文化变迁的原动力，而当各类创造被抛弃乃至遗忘时，文化变迁就会变为文化流失，最终成为浮尘之下固态化的历史遗产，而文化始终是动态化的人类社会状态呈现，文化变迁总是在不同社会创造的长时段维持或渐进式摒弃中存在，这也是人类社会发展的文化律令。

*

理解与解释始终是社会现象的重要认识工具，在此过程中意义的追寻及创建是人类社会化的动因或结果，人类学为现代社会的快速化推进增添了部分停留的空间。

社会秩序的控制不一定都需要规范性控制工具的监视，还可以借助于意义符号的构建使用。在塑造社会秩序、个人生活计划和人际关系过程中，对意义和合理性的探寻是人类学构成的组成部分。它们塑造了我们与他人互动的方式，我们自我组织的方式，以及我们对社会的需求。于是，从商业和政治到体育、艺术和文化，人类生活的方方面面都囊括在内。与爱好、正面和负面激励以及权威机构一样，意义具有无可争辩的激励作用（多米尼克·迈尔，克里斯蒂安·布卢姆）。

文化是意义符号体系形成的重要支配原则，是人类改变视野及思维的透镜，人类学的价值就是让人们重新认识文化、理解文化。如卢克·拉斯特所说，人类学认识到存在于知识和行动之间的关联。人类学明白，文化可以提供强大的经验以供借鉴。这些复杂的经验，可以激发我们在社会内部以及不同社会之间采取复杂的行动。人类学逼着我们去思考：文化是多么有影响力，文化如何建构我们生活的形貌，文化如何催生了使我们无法更加看清他者的民族中心主义。一个处于城市时代中的人类社会生活一定是快速的、庞杂的，文化与社会实践从来不是隔离的，城市时代的社会行动离不开对生活环境进行适度的文化想象，现代性的语义创新需要一个丰富意义的支撑才能成立。

*

展示的目的是表现及炫耀主体的地位、力量、欲望、形象等，将这些行为转移到城市中，仍然是这样的原理。城市作为人群的集聚区，机械化的生活秩序为人们期待能参观城市的展示提供了环境。

此时，文化成为可展示的最佳对象，城市能够为文化展示提供极佳的空间和场所。贝拉·迪克斯说，当今的展示形式占据了各类可参观的物质环境。文化含义被逐字刻入风景、宽街窄巷、建筑、街道设施、公共座椅、墙壁、屏幕、物件以及艺术作品中。博物馆将社会呈现为穿过一系列物件的展览；遗址将整个历史时期变成一条有着商店和咖啡屋的街道；购物广场和滨水区认为有了艺术作品、展览空间和散步的街道，就有了文化。文化就这样被铭刻在了物质层面上，似乎数字和电子影像时代的我们很害怕失去它。

文化是一个高端的领域，也是一个低门槛的话题，原因在于其模糊性。因此，在全球化与城市化阶段，文化展示变相地成为消费展示。市场化世界中，人们通过不同的方式展示文化，以求营利的最大化，而瓦尔特·本雅明所言的机械复制的时代，再一次成为信息传递中的加速期，进而为活态化、通感化、实景化等展示提供了技术保障，文化展示开始与商品交换完美结合。当我们用现代眼光看城市中的各类展示场所时，很快会发现模仿与再现成为文化展示最廉价却又最普通的方式，这一行为活动仍然逃不掉经济利益的诱导。从而，在现代众多城市中，文化展示成为最热捧最时尚同时又最虚假的现象。文化混杂着利益，文化展示从被动的参观者向主动的消费者转变，从静态的文化物化产品向动态的文化互动过程转变，消费者的无意义狂热与场所的无文化蔓延大量出现并粗略模仿。

文化从孤立而意犹未尽的想象与感悟变成纠缠而唾手可得的观看与浏览，虚假的文化展示，已然满足了大众的文化体验渴望，超越真实成为文化再现的趋势。

*

文化是人类社会的景观，在人类早期，社会生产力低，文化是自我封闭地产生并保存。而当社会经济发展到一定水平时，人类联系有了互通的可能，对比的需求开始显现，自我与他者开始成为观察文化的主体与客体。主体总认为自己是文化发现者或探索者，因而要炫耀自身的权力与财富，同时也能彰显自身的品位与知识。他是文化传播的话语者，因此，文化的展示成为最重要的手段。

但在文化展示过程中，由于文化往往是扎根于异域之中，主体只能通过浓缩的文化展示方式来展示文化所代表的生活世界的实质，从此，复制、模仿、仿真、微缩、包装等形式频频出现，而提供文化展示的虚拟场所成为体验文化的主要场域，展示与参观同时共存，阐释赋予事物场所以象征意义逐渐会代替文化展示的场所意义，文化成为破碎杂糅的随机组合，加之文化意义的表达与可读性是不对称的，因此，文化信息标志成为中介传导的媒介。

而与文化相关的商品也最终成为文化经济的产物，文化成为消费的资源，互动性的文化体验背后是消费文化而非传承文化，展示与诠释捆绑，体验与消费组合。文化展示并不仅仅是日常景观的展示。

*

文化历来是民族的特征之一，但文化与民族的关系是如何构建的？文化生成民族还是民族产生文化？文化是群体适应生存的产物，所以文化一定是多元的。文化可以提供很多认识世界、认识社会的思维方式来帮助人们发现理解世界的对策（图 14）。

因此，人们与文化的结合会形成新的文化群体。就像欧内斯特·盖尔纳所说的，一旦人民跟某个大型文化产生结合，特别是与深具学识教养的文化结合之后——这种结合往往是通过对某种世界宗教的皈依——它便能逐渐累积出这个族群的资产，有助于日后民族的形成或组建。

可见，文化是生活的产物，而文化又是社会关系维系的仪式系统。文化可以形成民族的共通语言，最终形成民族优越感。

*

对于民族的认识，人们往往都是从共时性的角度去探讨民族文化及民族形态等可视化要素，并尝试寻找差异性、独特性；而从历时性角度去认识民族，却带着鲜明的时间认知转变特征，因为时间不仅仅是人类生存的参照，更是一种统筹认识的工具。

一个社会学的有机体遵循时历规定的节奏，穿越同质而空洞的时间的想法，恰恰是民族这一理念的准确类比，因为民族也是被设想成一个在历史中稳定地向下（或向上）运动的坚实的共同体（本尼迪克特·安德森）。

因此，民族的社群化认同并非从来就有，而是在时间观念—意义的认识过程中超越文化与环境，形成社会主观价值认知方式的构建。社群是多样化的，民族也必然是多样化的，对世界的认识与自身的审视也是多样的视域，但时间的标准化意义由于世界的频繁联系发生很大变化。从而时间真正地变成了统一的时间，对时间意义的认识从情境转移到法则，也促进了民族的构成，一系列历史条件终于创造了民族形成的主观条件，想象的共同体果然是如此的进程。

*

作为社会现象的全球化，经济互动与文化接触构成了其叙述方式。民族作为人类社会群体的组织形式，总是与全球化形成对立，从本质上看，二者都是基于经济基础的社会群体对抗与融合的形式。民族既能塑造全球化的起因，也能解释全球化的特征，作为特定时空环境下的历史产物，民族既是主流的社会管理的构建，也是边缘的交往沟通的反馈。因此，民族的本质一定是变化的。在全球化与民族的对抗中，对民族的操作也会形成变化的集体认同特征。作为群体活动的后设产物，民族并非是恒定不变的，随着社会环境的变化，其也会出现分裂与闭合的革新。而在未来的全球化世界中，民族只能是历史语境中的生存性智慧手段之一。但面对全球化的压力，民族作为社会

图 14 场所的文化意义

场所的文化意义更多地彰显出群体适应的多元化特征，从而形成理解世界的支配性观念。

造物的想象符号与团体隐喻终将被融合到新的社群环境之中。

全球化的自由精神会对民族产生一种动态的终结，希望与怀疑、行动与退隐都会检验全球化过程中的民族现象与本质内涵。民族始终是一种时代语境下的集体幻想，全球化下的人类也会构成民族的新变形形式。

2. 文化的变迁性

思想作为在特定时期社会世界中普遍接受的观念，总是与思想倡导群体的价值有关。威廉姆·萨姆纳的本民族中心主义反映出群体—民族—国家的思想演进历程，如同大卫·哈维所说，任何一种思想若想占据主导，就必须首先确立一种概念装置：它诉诸我们的直觉和本能，诉诸我们的价值和欲望，诉诸我们居住的社会世界所固有的种种可能性。如果成功的话，这一概念装置就能牢固确立在常识中，以至于被视为理所当然、毋庸置疑。

民族国家的出现，为本民族中心主义的建立提供了新路径，群体化的观念开始向国家扩散。其作为一种社会力量的国家的兴起和一种思想理论的绝对君主制的出现，不应该与民族国家和民族主义相混淆。世界体系中强国的创立是在这些强国和在其边缘地区内民族主义兴起的历史前提。民族主义是对国家内部成员作为一个身份群体和公民的承认，只需要它符合集体一致性所包含的要求；绝对君主制则是一种国家生存至上的主张。前者是由一种群众情绪所确定的，而后者则是由与国家制度有直接利益的一个小群体的感情所确定的（伊曼纽尔·沃勒斯坦）。当人类命运共同体越来越成为共识时，我们需要对内外群体的思想立场进行宽容的多元化接受，与差异共存的全球化才是高质量的全球化，而不同观念思想的交流也不仅仅是蔑视和贬低异己，而是认可和欣赏彼此。

*

艺术是人类社会的人文表现，但对艺术的理解，需要从更宏大的社会生活中去理解，需要从更泛化的社会生活中去言说。艺术不是独立的、抽象的表象化展示，而是与生活密不可分的集体倾向化的内容创立。

很多社会并没有一个专门的词语用来指代艺术，那是因为艺术经常是宗教、社会、政治生活中密不可分的一部分，尤其是对那些专门化程度相对较弱的社会来说。确实，我们在之前讨论过的文化的其他方面——经济、亲属关系、政治、宗教——也并不能如此轻易地和其他的社会生活分开（卡罗尔·恩贝尔，梅尔文·恩贝尔）。

当极为另类地脱离生活而创作出无生活本源的艺术形式时，艺术的价值已然消失，而生活的意义也会退化为错觉的戏仿。艺术不分不同社会特征的区别，也不分不同群体立场的惯例，艺术可以允许其成为一个空泛的概念，但具体的社会生活始终才是艺术诞生的思考原点。

*

艺术是人类社会的重要思维呈现形式，科学的发展对艺术或多或少都会产生一定的影响。正如现代城市规划方法，总是想通过科学的方法来研究城市、分析城市，如同借助表象的城市统计数据，通过科学方法解析城市的特征一样，最终呈现出的自然是表象的欺骗。

如果我们不加入艺术的成分，城市的运作仍然是不完整的。然而我们始终相信科学、依赖科学，而忽视并摈弃艺术，人类行为的理智性和浪漫性总是并存。

相比于科学，艺术通常得不到充分资助，被认为是这一现象的表征——我们的文化遗产正在被严酷的科学机器侵蚀和湮没（罗宾・邓巴）。未来科学揭示、指导下的城市生活还能否回归文化部落的复兴？

*

人类为什么会有收藏行为与现象？让・鲍德里亚说，在收藏中，物的本性以及物所具有的象征性价值都是不重要的，重要的是收藏对时间的否定，它使主体脱离现实，进入到一个收藏的体系中去。物品一件又一件地被收集起来，主体也在这一过程中为自己编织出一个封闭的、无懈可击的世界，在其中所有实现欲望（当然，是倒错的欲望）的绊脚石都被清除掉了。

时间才是收藏的关键。人们通过收藏行为试图控制时间，从而创造收藏物的时间价值。但是人们为什么要通过收藏物来实现自己的价值评判欲望呢？从本质上看，人们仍然试图建立一个虚幻的自我认定的价值世界来控制其他价值。该世界是一个臆测的情境，是一个没有遵循全面的抽象价值自建，但又是一个具有独特偏好物情节的价值再造方式。因此，收藏可以试图通过团体行为构建和设计操纵时间价值的标准与话语，最终时间价值被构建出来，一个新的价值话语体系编织出来。即使是倒错的行为逻辑，能指符号价值仍然成为收藏世界中的新形式。

*

文化渗透水滴石穿般地改变着人类的生存环境，依托于经济发展、依附于社会发展而进行着自我创造，城市在文化渗透的影响下，也变成了文化城市。城市文化与文化城市共同构建成新的互动机制，而当资本处于城市经济发展的核心动因时，经济—社会—文化的集群才会出现在城市中。

尼克・史蒂文森提出，经济资本是你有什么，文化资本是你知道什么，社会资本则是你认识谁。因此，消费和休闲以及生活方式会将自身与经济、社会、文化三种资本联系起来。

人群的大量集聚总是离不开经济、社会、文化的共同支撑，同样也驱动城市建设开始转型。而消费社会的出现完美地统一了经济资本、社会资本与文化资本，成为信息时代城市生活的动力和表现。

城市聚居模式可以将资本精细化并进行重组，改变了城市演进的发展语境。

*

城市增量发展过程中，会产生新的城市空间，从城市道路到城市新区、园区、新城等，此类新生空间的命名往往源于政府相关部门或投资建设者，部门往往有命名的原则与标准，而投资者往往是企业名称的再现。此类现象正在快速地蔓延到每个城市之中，命名的背后会涉及信息的表达与再造，从而形成空间—名称—文化—身份—空间的权力—权利塑造闭环。

尼克·史蒂文森说，命名权、意义建构权和对当代社会中信息流的控制权是当代社会主要的结构区分之一。权力不单单建立在物质基础上，还涉及颠覆既存的符号意义和重新确立共同的理解框架的能力，这就意味着文化公民身份不得不在行政权力的正式结构之内和之外两个方面都要占据地位。

空间—名称—文化—身份—空间的权力—权利塑造闭环构建基于全球化的信息流影响，从信息化时代中诞生并强化，公民身份的形成从早期缓慢的自组织开始演变为现代快速的他组织，身份的构建从内向化社区族群向外向化全球文化转变，从权力的传导到权利的供给，使得文化公共身份开始变质。争夺权利以及占有资源是人类从动物祖先身上继承下来的一种天性（马克·W. 莫菲特），而创造权力也同样是争夺权利以及占有资源的宗旨，空间的生产也需要空间信息的生产来保障。

*

现代化影响着人类社会的各个方面，而科学主义又成为现代化过程中的具有高度社会适应性的“可靠”手段，把自然科学技术视为获取人类知识的唯一正确方法这一观念已经渗透至人们的世界观及方法论层面，并且愈加严重。人类知识体系是一个极为宽泛的概念，知识的创造需要借助于认识论和方法论，如果将科学过于神圣化，视科学的作用高于人类的本体，则会将社会世界机械地理解为自然世界。如何关注社会世界，除了利用科学手段来描述，也需要借助独特视角来规范，如民主、自由、公正等政治学产物总带有价值导向，道德理想很难通过客观或中立的科学观实现，特别是对人类社会秩序架构进行保障的政治学领域，如安德鲁·海伍德所说，自然科学家或许能够在对其将要发现的东西尚未被预先假定的情况下，以客观与不偏不倚的态度来进行研究，但在政治学中却很难（或许也不可能）做到。因为无论如何界定政治，它都会涉及我们生活与成长于其中的社会的结构和功能问题。家庭背景、社会经历、经济地位和个人情感，等等，为我们每个人内置了一套思考政治和周围世界的前提条件。因此，绝对的不偏不倚，或中立意义上的科学客观性，在政治分析中肯定只是一个永远无法达成的目标。

*

现代化的同质性发展趋向，让一切社会评价标准都呈现出单一化和一致化的思维认知，而多样性成为现代化的天然阻碍，传统及传统制度也成为现代化的约束因素。传统在世界范围内是一致的，都呈现出无序的、多变的特征，而现代化是标准的、理性的，传统与现代化的起源在空间分布上也有明显的区分，前者是随意性的，而后者是特定性的。

地方性却是二者的共同特征，只是传统的地方性与现代化的地方性是不同区域的地理空间的呈现。现代化起源的地方性试图将传统的地方性进行影响扩散的同质化，以点带面的逻辑也形成了社会驯化的思维惯性。如安东尼·吉登斯所说，现代化理论的核心论点在于，“不发达社会”深陷于传统制度之中，如果想要实现西方社会的经济繁荣的话，它们就必须从传统制度中解放出来。目前，这种论点已经在各种不同程度的复杂论证下重新得到建构。有时，“现代化”被简化为“西方化”的同义词，任何人只要认定所有工业社会的本质都是相同的，就很容易作这样一种简化。

社会理想的幻灭终于在现代化的思想认识中改变了对传统的认识，而现代化理论更加忽略了多样化的非西方地方性，专注于理性与功能的规则。全球化视野中，传统的觉悟始终处于衰落的状态，但新型的现代化依然有强大的未来。

*

工业社会的发展总是受到资本的推动与拉动。工业化强行瓦解了生命的生态基础和自然基础，同时也释放了史无前例且令人难解的社会政治的发展动力，这最终促使我们重新思考自然与社会之间的关系（乌尔里希·贝克）。而在工业化初期，人们已经以资本竞争为由，开始扩展到以自然支配的社会财富积累中。工业革命不仅被天才的创造力推动，而且被资本推动。资本创造了对产品的需求，资本投入到商业和工业当中，改变了人们对工作和生活的看法（罗杰·奥斯本）。当人们沉迷于种种伟大的技术革新时，资本已经从经济领域渗透至政治、社会、文化等领域中，并从工业革命开始一直延续到新自由主义时代。新自由主义内部还包含着一些有待处理的根本性政治问题：一方面是诱人但异化的占有性个人主义，另一方面是渴望有意义的集体生活。这两方面之间产生了矛盾（大卫·哈维），新自由主义思潮也是资本循环的再次扩大化，同时我们也发现文化认同虽然延续着文化价值，如在当今世界，一些宗教文化随着全球化与其他宗教文化共存于同一社会。但即便如此，通常情况下（虽然并非总是这样），这也不会让人们混淆这些信徒的宗教信仰（马克·W.莫菲特）。全球化时代中，人类最伟大的资本制度依然会持续下沉至以宗教为文化代表的社会生活中，无边界的气息已然占据着不可撼动的主流价值，利益取向也会是资本拉动的表意实践。

*

后现代从最初的工业生产、艺术形态等领域向生活观念渗透。后现代的生活在现代社会中抵抗修正成为人民对抗现代规制的推延与反抗。

如奥利维耶·阿苏利所说，后现代主义要求享乐，总是尽可能囊括更多的文化与差异，鼓吹抛弃传统惯例和风俗，以及摒弃任何形式的文化独断性。为何我们注定要过一种单一的生活，只能享受一种单一的快感，受困于一个继承而来传之后世的单一历史，总是伴随着同样的其他个体？

后现代生活倡导松散、随意，倡导更迭多样，同时也倾向高度适应性。从某种程度上看，后现代生活似乎又会回归到自然秩序的颠覆与习惯性权利的自由尊崇，现代化的钥匙有时并不与现代人的心境之锁相匹配。后现代是否可以理解为现代化过程中放纵的潜在性呢？

*

对于经济在整个人类社会发展过程中的作用，人们已经有固定且共识的认知思维，即经济基础是社会上层建筑发展的前提及动因，生产力更是一切经济活动的基础。然而，如果我们要追问经济基础的动因是什么，这显然又是一个充满争议的话题。如果说文化是人类人文艺术的根源，那么技术则是人类经济生产力的根源，与技术相关的设备发明及科学知识又属于思想文化的层面，也即经济生产力离不开上层建筑。大体上来说，似乎应当把经济特别是生产力，即一个社会的全部技术设备以及劳动组织称作基础。但一种文明的技术设备是与科学知识不可分割的，而科学知识似乎是属于思想和知识范畴的，思想和知识似乎又应当属于上层建筑的，至少在科学知识与思想方法及哲学密切联系在一起的许多社会里是这样的（雷蒙·阿隆）。

知识才是一切人类活动的根源，知识可以改变人们的社会认知能力，可以维系和巩固物质条件与文化产品的稳定性。通过知识建立生活环境与思想遗产的认知坐标，才能联结经济基础与上层建筑，并使二者成为集合化的支配同构策略，而非单一化的惯性认知思路。人类社会混杂的源头也并非是单一的巡回，知识才是力量。

*

记忆是由其产生主体的情感与实践的统一而形成的表象与叙述的组合形态。因此，记忆自然地形成集体记忆与个体记忆的二元化结构。

然而，二者却呈现出不同学科视域中的表象意义，集体记忆更多的是调节性理念，是对群体期待的诠释。个体记忆更多的是构成性理念，是对个体经验的补充。集体记忆是共同体验的对抗遗忘的暗示，具有期望符合合法性的社会学意义，是社会学层面的构建。个体记忆是个人生活的对抗遗忘的行为，具有符合生活意义性的现象学意义，是现象学层面的构建。

如保罗·利科所说，集体记忆的社会学和个体记忆的现象学任何一方都不比另一方更加成功地从其各自采取的强势立场中。一方面，个体的我的诸意识状态之内聚；另一方面，保存和回忆共有记忆的集体实体——派生出相反命题的明确的合理性。此外，派生的尝试是不对称的，这就是为什么在表面上集体记忆的现象学派生和个体记忆的社会学派生之间没有任何重叠区域。

因此将集体记忆与个体记忆从不同学科维度进行分析，可以获得对记忆的深层认识。虽然集体记忆的社会学意义与个体记忆的现象学意义是理解二者的新角度，并且不易交换，但记忆作为理解历史的来源和形成依据，二者的本质共同点依然是历史话语构建及延续的保存维度。

*

历史是过去的存在，而历史的价值在于过去与现在的联系。因此，历史与现在之间的联系手段是图像（image）的建立，唯有图像才是糅合过去与现在的中介，此图像并非是静态的展示手段，而是动态的叙事方式。如保罗·利科所说，叙述的逻辑连贯性保证了它的可读性，而让被唤起的过去成像就可以看见它。这就是图像对不在场事物的回指和图像在自身的可见性中的自我确证，这两者之间所具有的关系，这一关系最初是从表象—对象的角度得到考察的，而从现在开始，它将在表象—活动的层面上得到清晰地展现。

表象—对象是静态的回忆，而表象—活动是动态的记忆，前者是个体生命的标记，后者是群体生命的维系。因此，面对历史我们不能仅仅依赖于回忆，还要借助于记忆，遗产是共同记忆的产生物，而图像的历史纵深感需要扩大其内涵，通过新的认知解释，形成不同时期的时续继承与积累。

*

礼仪的实践价值是人们重视礼仪的重要原因。礼仪是人为的价值涵括，是塑造人的行为的社会特权，体现着神圣的强制性。然而，礼仪也带来了歧异现象，如奥利维耶·阿苏利所说，礼仪有实践价值，是一种务实的、上流社会的美学，它掩盖了形而上的道德缺失。上流社会为了形式放弃了使命，为了人性放弃了上帝，为了固有牺牲了超然，为了表象放弃了本质，为了计谋牺牲了真相。他们热衷于影响现实，修正有影响的人的观点，将别人的行为过程引导向符合自己意图的方向，并在这种嗜好中发现了自己的能力。

礼仪成为散播声望的符号与规则，成为反对粗俗的优雅行动，道德坐标被礼仪绑架成为新的美学取向，并呈现出任意调和社会行动的基调。礼仪渗透到人的生命之中，象征性礼节姿势成为假象本能的形式。礼仪不过是一种形式存在。

*

人类行为活动是放置于时空之中的，即使空间不变，时间路径的线性运动也会改变不同时空中的活动情境。

艾伦说，任何一个地点都是一个持续进行的过程，社会和文化形式的再生产、个人经历的形成以及自然和空间的转变借助这一过程相互生成。与此同时，时空中具体路径—计划交叉与权力关系不断相互生成，而其生成方式受到普遍规律的制约，但因历史环境也有所不同。

日常社会生活具有重复特征，因此在一个人的人生经历中会出现相同与不同的多个场景。

如此，跨越时空的场景是人类社会发展中的若干个互动境遇。

3. 文化的日常性

问候是人们常见的交往行为之一，由问候所形成的问候仪式，是构建个人生活机遇的最原始、最常态的方式。问候仪式的存在，才会形成个体之间的认可，从而形成可联系的社会整体结构。我们不禁要问，问候仪式到底是如何成为被大家共同接受的有效方式呢？答案是基于尊重的认可。如迈克尔·施瓦布所说，问候仪式是人们承认对方存在的一种方式。我们这样做是因为我们知道，肯定一个人的存在要好过忽视一个人的存在。换句话说，我们这样做是因为我们尊重他人的感受，他人也尊重我们的感受。这是一个小小的仪式，在我们的日常生活中，它会提升和稳定我们的情绪。

可见，在问候仪式支配下的双向互动，才有可能成为集体性自我控制的交往互利关系。社会世界毕竟是共同信念下的产物，集体行为可能的前提仍然是最频繁的问候仪式，唯有问候仪式，才能形成社会化群体生活互渗律的基础。

*

欢笑是人类的常见行为，而这一习以为常的普通行为，却在现代化过程中被人们逐渐摒弃。欢笑是人们集体交往的积极观念与动力，是情感维系的黏合剂，但现代化让人们形成了单调、机械却又无法解脱的苦闷，欢笑成为虚假的人为奢侈品，成为刻意的设计与规定所形成的反常的行为。

实际上，欢笑这种行为是非常本能的，有时候，即使我们听不懂笑话，但是如果其他人都在笑，我们也会不由自主地笑出声来。简而言之，笑声是典型的社交合唱。笑是一种本能，因此有着原始的根源，笑不需要语言的激发，因此它大概远远早于语言（罗宾·邓巴）。

而当构建了复杂的语言系统后，人们都茫然地成为受极为规制化的语言控制的从属者，欢笑却成为被支配的行为。当欢笑成为被现代化理性规则指使的非道德表现，也成为被迫式的社会谎言表现时，生命力的效果一定会失去其自然的智慧。

*

人的创造力源于无聊，这很有趣。很多进化人类学家及考古学家都会涉及无聊的起源及其作用。无聊并非人类独有的特征，但人类可以利用无聊从事一些活动，而创造力的爆发往往是诞生于某一无聊时刻。

无聊会导致人们烦躁不安，激发出探测和创新的欲望，这一点肯定对远古艺术的发展产生了一定影响。艺术既是工作，也是休闲，虽然从觅食角度来看并没有什么实际用途，但在情感、智力和审美层面都有价值（詹姆斯·苏兹曼）。

如此看来，在远古时期的人类艺术创作中，透过当时的日常生存活动，无聊的确是一个让人忽视的问题，但却是人类进化史上的基本动因之一，而如今在现代人类社会中，无聊还有强大的创造力推动吗？

*

餐饮是人类社会的重要生活内容，由餐饮转向烹饪或烹调，是“食”这一人类生命周期中生活行为的文明体现。

现代社会不但催生了工业化生产，也形成了工业化生活。流水线生产装配与机械化标准制造构成单调重复的人类现代生活样态，从而对历史悠久的人类烹调行为造成了极大影响。

阿梅斯托说，烹调不只是料理食物的方法而已，在此基础上，社会以聚餐和确定用餐的时间为中心组织了起来。烹调原是宝贵的发明，因为它塑造、凝聚了社会。而当代的进食习惯可能使此成果化为无形：仓促进食满足了拼命工作挣钱的价值观，助长了后工业化社会的失范。如果人们不再共同用餐，家庭生活终将碎裂。

如此看来，高质量的生活是不能遗忘烹调的行为艺术。当为了生活而忘记生活的生活开始普遍化时，人们真该回归生活本源，重新思考生活之义，重新审视文化认同与身体记忆的内涵。

毕竟工业化生产下的流水线烹调终归是机械化产物，是价值化产品，而充满温度与情感的日常食物才是无价的。

*

餐饮是一项人类社会最基本的活动，而饮食场所除了家庭内，还有大量家庭之外的餐馆。

餐馆是社会符号体系的一部分，也是承担食物消费的主要场所。艾伦·谢尔顿提出，餐馆是一个组织化的空间。即运用生疏的空间话语和品位并将之转变成社会结构的符号化的空间，而西方快餐行业的全球化表现就是在各国持续出现大量的以肯德基、麦当劳等为代表的西方快餐餐饮连锁店。

在中国，大量快餐餐饮空间的存在与中国的社会结构变迁和消费文化转变有关，全球化与地方化的互补优化使得此类快餐店构建了一个多义的、多元的、开放的社会空间。

*

餐饮活动是人类社会的重要活动类型之一，餐饮场所的布局也是根据不同的消费群体而有所不同。从社会学家的视角分析特定群体的餐饮行为方式对重新理解空间与场所的内涵有很大启示。

可以看看皮埃尔·布尔迪厄在习性与生活风格的空间相关文字中所描述的：资产阶级以注重按照形式吃饭与民众阶级的“大吃大喝”对立，形式首先是节奏，意味着等待、拖延、节制。人们好像从不着急用餐，等到最后一位上桌的人开始吃之后，才悄悄地用餐和加餐。

风格化的方法都倾向于将物质的重点和功能转移到形式和方式上。如此看来，风格的可能性空间是物质环境中的必然要素。城市作为人群的聚集区，空间功能的多元化特征明显，现代城市规划会规划风格的可能性空间吗？

*

名称是人们赋予某事物的代号，名称设定本质上是人们将对象放置于自我的占用控制策略之下，而不是视其为生活的敬畏对象。

这是一个日常生活实践理论，只有普通百姓才拥有日常生活实践的行为表现，并且是一种友善且充满敬意的实践行为的艺术反映。

通过对私人领域的烹饪活动进行客观观察，不用命名的烹饪只存在于普通百姓的私人生活中，百姓家中的日常饭菜命名是有艺术规则的，是自然的食材实践，是家庭烹饪行为的非命名认可，是代代相传的经验性厨艺默认，是本真的家庭生活实践。

所以，城市人都喜欢去农家乐，“农家乐”这个命名很好地满足了城市人的农村根源，他们认为农家乐的饭菜都是家常菜，是没有规则和菜谱制造的“纯手工”烹饪，而城市酒店餐馆中的菜肴都有神秘而庄严的名称，偶然为了刻意体现非城市性的乡野味，也有部分菜肴被命名为农家、乡村、野生等特征的所指倾向，虽然它们仍然是戏剧化的工业配料制作产品。

*

社会交往中的礼物成为社会关系维系的中介。人类学中有很多经典研究已对礼物的人类学意义进行了深入的剖析。但传统社会中的礼物虽然起着整合社会的功能，但是随着社会发展的市场经济影响，商品交换的市场经济色彩也开始对传统的礼物交换产生一定的影响。

礼物是在被定义的同时就具有社会整合功能的，并且能再次确认个体之间的特定关系。而资本主义系统中的商品交换以一种不同的方式运作，当你在超市买食品的时候，非常可能的是，过后你会想不起收银员的脸（T.H. 埃里克森）。

不管市场变化的情况如何，传统礼物交换的意义一直保留至现代社会。随着交换形式的巨大变化，交换行为内核的意义变化会有新的互惠化分配特征出现吗？

*

语言的作用会随着社会交往形式的改变而发生变化，特别是当语言从模糊的流动式媒介转变为清晰的固定式符号时，语言的形式就会从最初的思维表达成果变为思维指导工具。

尼尔·波兹曼说，在任何利用语言作为主要交际工具的地方，特别是一旦语言付诸印刷机，就不可避免地成为一个想法、一个事实或一个观点。也许这个想法平淡无奇，这个事实毫不相干，这个观点漏洞百出，但是只要语言成为指导人思维的工具，这些想法、事实或观点就会具备某种意义。

语言的新形式快速普及，又成为新的思维规训式工具，并成为交流的新构件，非理性的自发式意义逐步向理性的自觉式意义转变。

*

口头传统与书写文本从早期的双向互动逐渐向现代社会中的逆向割裂转变，特别是当书写文字成为正式的、大众的主流话语工具时，口头传统已然被人们所摒弃乃至遗忘。然而，口头传统作为人类最早的语言方式，依然在很多场合能够成为充满感情的话语，并且其还有松散随意的弹性空间，毕竟在人类社会群体互动中，理性标准的表达并非是完美的。

在某种情况下，口头传统似乎可以像书写文本一样，精确地逐字重复固定的文字，同时又具有潜在的弹性，可以进行策略性调整和变化，如同已经和将要发生的，它们可以左右逢源。那些实质上做了很大改动的地方可以被他们声称为原始文本，而且对他们的说法很难进行评估（詹姆斯·C. 斯科特）。

因此，口头传统固然有灵活多变，且有非严谨的不足之处，但公共生活也有偶尔的自我消解和调解策略，混融的文本方式与口头传统的多元化表达才是保持生命体验的交流模式。

*

人类的演化过程充满各种可能，从进化人类学的角度看，人类社会的群体性特征需要一些后天的辅助活动与本能的生存保障相结合来维持群体的交往，而聚餐是一个伟大的活动，其把进食与交流相结合，也即自身生存与社会交往完美结合。罗宾·邓巴说，社交性的聚餐让人乐此不疲，它在每一种文化中都很重要，但是，没有人好好思考过为什么会这样。社会人类学家会关注菜单的社交意义，新石器时代考古学家会对狂欢聚餐的证据很感兴趣，但是，好像从来没有人会发问：我们为什么要费老大的劲来做这事？我们觉得人类天生就该这么做的。其实，一个显而易见的答案就是社交联络。

当聚餐活动的意义开始凸显时，食物又成为新的重要媒介，食物从单纯的进食对象转变为复杂的社会交流的中介物。作为社会地位、礼仪地位、特殊场合及其他社会事务的标志，食物已不全是营养资源，而更是一种交流手段。在正式功能方面，语言在过去和现在都是如此的仪式化和礼节化，但语言仅传达了一般的情感，传达重要社会关系（族群关系、地位等）的任务则由食物来完成（尤金·N. 安德森）。民以食为天的传统观念在现代社会中也开始转变为人为生而食、非为食而生的新聚餐价值。

*

在许多涉及公共活动的相关专业领域中，集体记忆越来越成为一个精致的口号。如在城市更新中的公共场所再建、乡村振兴中的村落公共空间复原等行动中，集体记忆似乎成为一个理想预设来包装“记忆”场所再现，但集体记忆的内核究竟是什么呢？

莫里斯·哈布瓦赫提出的集体记忆立足于群体的共同建构，成为解释社会凝聚的重要见解。集体记忆并非是个体记忆的集合产物，而个体记忆也不是集体记忆的单位组成，当我们围绕记忆的根源时，有时不能精确地将集体记忆与个体记忆进行划定。

如保罗·利科所说，在个体记忆和集体记忆的两个极之间，难道不存在一个指称的中间层面吗？个体的人的活的记忆和我们归属的共同体的公共的记忆之间的交换在这里具体地发生着？这是和亲者（proche）的关系的层面，我们有权将一个不同种类的记忆归于他们。亲者，对我们很重要，我们对他们也很重要，其位于自身和他者之间的关系距离变化范围之内。

亲者是邻近的群体，亲者所构成的关系才是集体记忆与个体记忆的认定行径。记忆是变动的，是随着个体与群体之间关系的退化、解构、失效、延展、再建而并存更迭的编码者。记忆从来不是一个个体的心理学现象，亲者所在的中间层是历史的境遇，也是生命的传承。

*

习俗是人类情感的维系方式之一，也是面对经济利益至上观念中有限的道德力量。虽然经济效益在现代社会中越来越呈现出主导性趋势，但由于习俗的存在，经济价值视野中的交换有时也会形成一种公众认同的权威符号，并成为公共情感的道德保障。

如同马塞尔·莫斯的礼物体系一样，面对市场经济的昌盛，除了物品价值的乏味情境外，情感价值同样是理解度量情感与道德认知的实践技能。

我们的道德以及我们的生活本身中的相当一部分内容，也都始终处在强制与自发参半的赠礼所形成的气氛之中。值得庆幸的是，还没有到一切都用买卖来考量的地步。如果某样东西真是有价值的，那么除了它的销售价值以外，它仍然具有一种情感价值。我们并不是只有商人的道德。有一些人和一些阶层仍旧遵循从前的风尚，而至少在一年中的某些时刻或是在某些场合中，我们自己也得尊重这些习俗（马塞尔·莫斯）。

礼物体系下的话语体系忠诚地信守着传统，却又成为社会驯化的生存战略，只是当现代经济成为社会发展的主流形式时，习俗也由传统的习得性遗产向现代的自由性市场转变，但基本习俗的微妙化改变仍然保持着其自然化的社会维系的天然使命。

*

大数据成为当前的热点领域。相关行业似乎都热衷于数据的获取、捕捉和利用，而大数据的价值到底是什么呢？大数据的作用不在于其信息本身，而在于数据集合的处理分析，更准确地说，是通过利用数据的分析客观“显示”事物的特征，从而通过对已知现状特征跟踪观察并进行优化干预的尝试。

大数据依赖于人的数量，人的数量决定数据的数量，因此城市作为人口数量高度集中的代表区域，也成为大数据的重要关注对象。但城市是一个特殊的存在，它是人的集聚点，又受人的集聚而存在，城市生活受大量人口的影响呈现出复杂多变的状况，对待城市的思考有时还需要理论的帮助，而不仅仅只依赖于大数据。城市的生活场景是动态变化的，城市理论的核心是凌乱不堪的大众生命关怀的困扰揭示，而行为动态只是这些内核的面具，行为与内心有时是偶然的意外，有时是必然的匹配，数据仅是被人的现实生活意识所反映的外显类型之一。

理论的魅力是需要在争执不断的洞察中体现出来的，而数据只是一个集体的已完成的赞同。大众行为模式的分析是需要通过意味深长的理论来剖析，而不是仅靠大数据来包裹或展示。即使大数据能反映事实，但其也是基于过去累积的历史信息，而未来的状态总是无法估计的，但是当人们都追随于大数据时，人们注定又一次迷失于自我构建中，人们的思维方式也从主动的创造变为被动的接纳，理论是一种构想、一个辅助手段，用来补偿数据的不足。一旦有了足够的数据，理论就变得多余。从大数据中解读出大众行为模式的这种可能性就宣告了数字精神政治的开端（韩炳哲）。

*

数字成为人类生活中的工具，而数字本身天然地带有准确性。当数字出现在相关文字中时，人们更信服其准确性乃至科学性，似乎数字就是科学的特征，但数字本身的来源却依赖于其获取途径的特定情况。有时获取数字是可以准确的，有时获取数字却是不可能准确的，特别是人类社会领域中的诸多数字构成的数据，更多地体现出特定范围的精确置信区间，而不能是极为准确的数字表现。

特别确切的数字有时会让人感到不舒服，因为它们涉及的数据对于当时的情境来说过于精确了。预测尤其如此——如果有人告诉你某个东西将在10年内给经济造成多少损失，而且数字精确到1英镑，那么你肯定知道他们夸大了模型的精确性（安东尼·鲁本）。

反观数字的作用也仅仅是社会状态及面貌的抽象描述，毕竟推演是人类理性化的趋势，也是人类文明的聪明才智表现，可是准确的未来是无法企及的，也是不可预选的。

*

网络社会中，语言的作用更加凸显，语言成为最直接的社会交往工具。一方面，语言借助电子媒介取代传统口语及印刷形态并快速扩散，语言的传递速度遥遥领先于物质要素运动的速度。另一方面，语言超越了面对面的沟通交流，成为网络社区的沟通工具，并成为构建新社区的基础。如此看来，语言本身也受其传递特征的改变而改变，从表达中介变为中介表达。由语言所形成的网络信息拼图，也从地缘信息扩展到国家、民族、政治立场的微妙调整。

如丹尼尔·汉南所说，互联网重新定义了民众和国家的关系，冲淡了政府在19世纪时享受到的与公民的专属关系。不仅从一个国家前往另一个国家的旅行变得史无前例的容易，我们甚至不需要转动座椅就可以虚拟这个过程。这样一来，我们只要借助语言和政治观念的一致性便可结成网络社区，而在此之中，通常根本无法区分种族异。

从此，语言的形态变化从单纯的传播向复杂的传达转变。实用型导向下的语言变化也突破了前信息时代中的自我设限，结构主义显然早就洞悉到这一变化的本质叙事。

*

由于人群高度集聚与社会网络复杂，城市空间是人类行为和社会结构的联结点。人口与资源的冲突在城市中更突出，社会结构是由人及由人组成的组织共同形成的，组织内部的权力关系具有明显的空间表现，空间的生产在城市中更典型。

信息时代，不同地点的人们能够一起工作，居家办公成为可能，但限制这一发展的主要因素之一就是维持地位差异的必要性，如果交流仅仅借助于网络平台，权力结构的空间特征就消失不见。

因此，城市空间中的权力结构始终存在，权力更需要空间实现自我呈现与巩固。权力被建构在组织空间的方式中，而空间的组织结构正表达着权力的行使、分布与存在。

在城市发展历程的不同阶段都有权力结构支配下的空间表现形式，信息时代的来临只是延展社会结构的转型历程，权力仍旧喜欢共时在场性的空间。

*

团体完成的工作往往都是系统复杂的过程，因此多元化的讨论是必要的，然而国土空间规划工作的推进似乎缺少了讨论的空间，因为标准化的规程更多的是限定与秩序，其工作的行为逻辑变得机械而非有机，毕竟城乡生活总是意义的变化与共存，国土空间却是恒定的管制。制度轴心下的工作有时需要多方面的探讨，才会实现工作增效的可能。

我们应该在听取警示信号、鼓励异见和采取多元化方面加强学习，这一点或许很明显，但如何有效地做这一切就远没有如此明显了。将这些方法运用于实践可能非常艰难，它时常不符合我们的自然本能（克里斯·克利尔菲尔德，安德拉什·蒂尔克斯）。

因而，似乎热闹的争论终究只是竞争性的自然本能，超越性的工作意义面临价值失落，共同话语的联动总是缺乏动力。

*

制度的变迁总是以人的认知深度来完成。早期人类的情感道德都被束缚于集体的宿命分配之中，而随着理性科学精神的兴起，人们的认知手段开始变得多元化和客观化，政治成为人类社会组织与管理的科学工具。从中世纪到 17 世纪，塑造政治理论的神学土壤被摧毁，政治学成为一种科学，并最终成为一套科学，而神学至多不过是其他科学中的一种。理性取代了启示的地位，政治制度的标准则是合乎时宜，而不是宗教的权威。宗教不再作为人类利益的主宰而退化为生活的一个部门，人们可以放肆地跨越它设置的界限（理查德·亨利·托尼）。

利益成为宗教演变为政治的直接动机，道德裁判的准则虽然趋向于公平性，但政治的宗教化趋势却显得与科学价值渐行渐远。大众意识的形成与行为方式的建立总是需要管理，制度总归是秩序的重建所需而已。

*

同质化现象越来越多地出现在很多领域，从物质环境到精神价值。同质化的出现是受现象的信息化传递媒介所影响，媒介的更新使得文化层面上内容更易于接触与交流，毕竟符号化意识比实体化物质更易于流通。

在文化的层面上，印刷媒体和标准化教育暗示了表象的某种同质化。在社会组织的层面上，它促进了大面积的地理流动，因为它使不同地区的人们大致具有同样的资质，从而在劳动力市场上是可以替代的。所以，大范围的交流和文化的标准化或同质化是国家建筑的重要特征，它有助于解释为什么人们会将这样一个抽象的实体确认为一个民族（托马斯·许兰德·埃里克森）。

民族作为一个共同体，成为同质化的直接产物，而由民族所衍生出来的各类标准化文化又进一步塑造成同质化的文化、价值乃至社会组织。印刷媒介与标准化教育的确很难改变大众需求。因此，媒介与媒介传承注定是标准化的复制模式。如此看来，同质化会有消失的可能吗？

*

日常生活中的许多概念，从早期的特殊认知装置演变为普遍话语表达，这种冲突演变是人类机制的思想光辉再现。从特殊到普遍的概念工具创造却又成为人类社会重建次序的价值立场与话语符号。如国家、政府、民族、人民等概念，都是从常识意义层面进行概念的内涵散播与外延喻指。

埃里克·霍布斯鲍姆认为，在实践上，“国家”及“政府”这两个概念是由政治标准所决定；而“人民”及“民族”的概念，则主要是由有助于创造出想象或虚构共同体的前政治标准所塑造的。政治会不断为了实现其自身目的，接管或改造这类前政治要素。

概念之间的微妙指认成为新的主导与屈从的解释机能，人类社会通过概念的修辞成为观点冲突的认知技巧工具，成为解决观点冲突的策略功能工具。如此来看待国家与民族所衍生出的群体态度时，我们会看到如马克·W. 莫菲特所说的，人类为什么会演变出在爱国主义和民族主义这两种态度上的差异？事实上，社会内部观点的冲突尽管有时会发展到极端可能导致社会功能失调的程度，但它可能一直都是人类生活中的一种固有现象。

主观认定与客观标准需要概念的运演逻辑，从观点到立场、从价值到身份，都依赖于概念的传情表意，从而成为建立集体情感的思维表达利器。

*

人类世界的认知类别因为认知对象的不同而不同。但一切肇始于现代主义思潮的蔓延与主导。从而使得人们通过唯一的认识论来认识和解决一切现象与活动。在现代化进程中，人们对自然世界与人类社会的认识也开始受到标准化或趋同化的规训，将认知方法变成了脱离认知对象自身特点的一致性认知标准。

人们的认知视角和辨识能力也退化为平庸化的计算而非分析。科学作为自带客观性属性的认知客观世界的方法，自然引入到人类社会的现象解释之中。因此，在现代化过程中，科学被制度化地放大，从而又扩散至人文学科的认识方法上。

如伊曼纽尔·沃勒斯坦所说，“科学”和“人文学科”之间在认识论上的差别和争执正在被制度化。科学在方法上被界定为一种经验活动，目标是要探求一般规律，由此在研究类型上要尽可能地做到定量。而人文学科在方法上则被界定为悟释性的方法，它将一般规律视为简约主义式的幻象，由此在研究类型上是定性研究。

如此差异的特征也往往呈现出富有特色的研究方法与研究旨趣，但无论哪种认知活动都是人类实现人与世界关系的思考类型。

科学与人文学科的相互增色而非替代，才是符合认识自我、理解世界的重要认知量度。然而，科学革命诞生后至今，科学化成为势不可挡的力量，从此只会形成毫无特色的却又奇特直视人类所处的世界的认识观。

*

观念能形成人的行为方式与思维定式，而观念又是人的行为方式与思维定式的产物。行业观念一定程度上形成了行业活动的逻辑思维，很多行业是需要独特的专业技能与思维方式的支撑来开展工作的，如同传统城市规划脱胎于物理空间的营建，而国土空间规划着眼于国土资源的管控，观念的主旨论调是重要的观念见解。但观念的改变是一个漫长的过程，如古斯塔夫·勒庞所说，经过彻底改变的观念，方能被群众理解；只有在进入无意识领域后，经过若干过程的修正，观念才能产生影响。彼时，观念变成了一种情感。

从大众心理角度来看规划师的群体性，其也是规划行业的大众群体，断言、重复、传染的群体意识形成机制同样在规划观念中起着重要作用。当国土空间规划工作的改革建立及稳定成型成为未来的行业发展方向时，规划师依然需要观念的转变，只是随着时间的流逝，规划师们也会成为像大众一样的无意识的职业盲目行动者吗？

*

科学革命诞生了现代科学，极大地改变了人们看待世界万物的看法。从此，在看待很多复杂现象时，人们都倾向于自然地依赖科学。科学一直在尝试用简单的抽象方法来解释或解决复杂的现象或问题。然而，科学与很多复杂的对象及其复杂因素相比，仍然有很多局限，甚至说部分现象及问题并不适合科学来解答。如詹姆士·斯科特所说，科学越是要处理各种因素复杂的相互关系，它就越开始失去其作为现代科学的特征。许多关注一个问题的单项研究的累积，并不等同于包含所有复杂性所做的单项研究。要了解科学工作在其范围内的力量和用途，也要了解在处理那些不适合科学解决的问题时它的局限性。

同时我们也发现，真正的现代科学是有公认的标准，但如果人们都盲目地尝试以科学的方法去解决任何复杂实践时，创造力反而成为多余，因为被科学挟持的人们也失去了理性，公共理性代替了个体理性，随时就会产生“科学机器”的非科学产物。

人们普遍感到，科学的人，不再努力将现实描述为一个整体或勾画人类命运的真实轮廓。而且，“科学”对许多人来说，不大像是充满创造力的精神气质和做出取向的方式，倒更像是一整套“科学机器”，由技师操纵，由经济学家和军人控制，这些人既不代表也不理解作为时代精神气质和取向的科学（查尔斯·赖特·米尔斯）。当科学演化为科学机器时，生活也会成为科学的表演，隐含在复杂现象中的诸多关系，是基于人的科学研究所回应的思想追寻，而不是以科学的名义来制定的非先进的技术性工作。

*

科学方法是人们解释各类现象的工具，但科学所揭示的都是客观的事实呈现，与人的体验感受无关。但随着科学主义的兴起，科学的观察对象已经由自然世界扩展至人文世界。通过人的体验所表现出来的许多东西也被科学来包装与替代。

同时，以科学名义说话的哲学家们往往将它改造为“科学主义”，企图将科学的体验等同于人的体验，并声称只有通过科学方法，才可以解决生活的问题。这个现象使许多文化工作者开始感到科学是一个骗人的、虚假的救世主，至少也是现代文明的一个非常暧昧的因素（查尔斯·赖特·米尔斯 ）。

因此，当人们面对现代文明的整体面貌时，人文知识也面临着诸多挑战，当人们始终以科学的方法来解释或解决部分人文现象及内容时，并不能极好地提出合理的措施，毕竟科学只是一种视角，但生活却是多视角的体验对象，科学的准则不能取代生活的准则。文明荫庇下的人类文化也同样是人的体验所反映的纯粹生存意义，而非科学的体验所反映的复合的生存动机。

*

理论的价值在哪里？理论首先要有自洽性，是具有普遍解释力的知识创造。然而，对于理论的认识不能只立足于唯一性及静态性，理论需要实践验证和积累优化。重新把握人类生存世界，把其带向理论的焦点，使人们有可能对人类自身的存在进行知识上的理解，这才是理论的核心价值。因此，理论是一种为了理解事实而设计的想法，或者用一种更华丽的术语来说就是为了“解释数据中的模式”。一种理论若是能够解释大多数事实，没有根据我们所知道的其他情况做出不可信的假设，符合逻辑连贯性，能够做出正确预测，通常就会被认为是比不符合这些标准者更好的理论。因为理论也会塑造我们对事实的看法，所以能从不同的理论观点去看世界也是一件好事（迈克尔·施瓦布）。

理论作为人类知识创造形态，可以梳理及树立公共的世界观乃至一种思想的感受力。只是真正的理论一定是稀缺的，毕竟任何阐释都有局限性，作为知识总结的理论构建是渐进的，也是多角度的。

*

实验工作表面上是客观化的呈现过程，但任何实验都是人为操作的，因而实验环境的人为性不可避免，特别是对于生命体的环境实验更是人为滋扰的过程。如同城市规划一样，城市发展的社会实验很难仅仅通过少数人的实验就能得到中立且正确的方案及结果。

如保罗·利科所说，实验环境的人为性，其中，一个动物，甚至一个人类对象，都处在实验员的控制之下，这不同于生命体与其环境的自生关系，就像动物行为科学在开放的环境中被理解的那样。而实验的诸条件对被观察的行为的意义来说也不是中立的。它们有利于掩盖生命体探索、期备、商议的资源，借助这些资源，生命体进入到和一个周遭世界的辩证关系中，它是生命体本身的一部分，生命体又帮助构造了它。

心境、习惯、风俗、文化等生活方式与人类生命体息息相关，但实验环境中的生命体行为以及生命体生存环境的观测仅仅是现象的反映，而非真相的呈现。信息时代中人人都是实验对象，社会亦是实验对象，当今的环境营建也是实验操作后的实验品。理性选择与感性行动很难理解生命的真谛，毕竟生命过程总是自然的产物。

*

物是人类生存的基础，而物的价值一方面取决于其功能，另一方面依赖于其效用。功能与效用的界限有时是模糊的，有时是清晰的，但价值总是基于人的道德控制而产生的。人类通过社会道德形成统一而又有差异性的评判前奏，进而形成物化的价值象征。从此，社会道德成为指涉物的调节、限制、规范的制度。实际上，当人们试图将物的功能看作其内在的本质的时候，人们早就忘记了这个功能的价值自身是受到社会道德控制的，这种社会道德不想让物变成无用的东西，正如在何种程度上不想让人无所事事一样。它必须将自身投入到“劳作”之中去，进入到“功能”之中去，并要证明自己是正当的（让·鲍德里亚）。

道德可以是看待物的准则，但又是有期望的主体的生命塑造方式，当物欲横流的时代出现时，社会需要有节制的道德主体，物的价值不能过于自私也不能过于虚假，唯有自我约束的道德伦理才能形成物的功能的再认识。

*

形态是一个物质实体的外在呈现，而空间形态更是把形态延展到三维空间之中，传统的城市规划设计更关注空间的三维形态营建，而当下的城乡规划管理更关注空间的二维形态控制，当然也会涉及三维形态的管控。但二维形态更是直接反映大地表层的人工引导特色的直接呈现模式，规划最直接的作用在于塑造环境，或多或少都有人为干预的色彩，诗意栖居是人地关系的物质形态结果，而人的文化是形成人居环境梦想实现的象征工具，文化是抽象的，环境是具体的，二者是互通的空间生产的基础，作为栖居家园的大地和培育文明的大地，是体现人类生活多样类型和生存环境多元类型的中介，是社会运营平衡的支点。

因此，我们仍需要保持抽象的文化符号和具体的生活环境，而不能把文化与环境过分地创造关联，栖息现象从来都是自然的形态。

*

城市文化是一个城市的个性特质表现，城市的建设与发展总是会涉及城市文化，城市文化一定是演变的，原因在于城市中的庞大人群有不同的群体文化，差异化的群体有不同的城市空间使用方式、城市场所体验方式及城市日常生活方式。

因此，城市文化被认为是城市居民通过与城市和城市空间的接触交往而积极创造出来的（戴博拉·史蒂文森）。多样性的接触也是通过交往行为形成与众不同的城市文化变迁，而文化也如同城市社群行为的多样化，反过来塑造人们的城市生活体验与空间识别模式，并通过同化、涵化等传统社会互动方式形成新的人类学意义的社群集体生活状态的城市文化。

从人类学角度看，文化实际上被定义为一种获得流通的生活方式（戴博拉·史蒂文森）。流通才是城市文化产生及认同的关键，流通过程中伴随着竞争、强化、冲突等现象，但城市文化总是变化中的不变，是城市人在城市中的日常生活经历的全部生活方式的集合。

*

当今社会价值是一个广义的概念，而生活于不同社会环境中的人对价值的认可也不同。价值观念是一个变迁的过程，如同生活在现代城市中的人，随着生活收入的增加，自己支配“自己的时间”比收入增长和职业成功更重要。因为时间是打开这个自主支配生活的时代所保证的种种财富的大门（乌尔里希·贝克，伊丽莎白·贝克－格恩斯海姆）。

显然，时间自由比物质财富更有价值。生活在城市中面临着更大的压力和更潜在的风险，城市生活方式是有发生危险的可能。非物质财富也变得越来越紧迫，然而在城市这座巨大机器中，时间已逐渐被利润压缩到很低的水平，而时间自由更是稀缺性的非物质财富。

因而，城市总是用金钱来弥补时间的缺失。非工作时间的工作并非为了额外的金钱，而是为了省出已经被预支的时间。如此看来，价值衰落的确是第二现代性催生的新的价值取向。

*

广告是人类社会信息展示的主要媒介。广告制造情境，让·鲍德里亚认为，现代广告的本质就是象征和幻象功能。

因此，广告是一种预言性话语，是一种反复性的信息输出，这与城市规划的表现方式一致。

劝导性陈述的意向也是城市规划工作引导城市建设的手法，通过城市规划想象一座城市的未来，并让人们认可地接受城市规划想象，这即是广告化构建的符号价值，而城市不是一件商品，幻影与真相或许并不一致。

消费社会中的城市规划工作一定意义上就是广告媒介，城市规划也仅仅是象征性的意义方式而已。

*

很多城市都喜欢举办艺术展，并且往往将其命名为“国际艺术展”，而双年展则是艺术展中知名度极高的类别之一，双年展中以城市或建筑为主题的内容往往又最引人注目。城市由于复杂性，适合艺术的“展”与“示”，建筑由于具体性适合艺术化展示的认可，城市或建筑的民众认知性更广泛。很多城市都试图将艺术与城市构建成一种有利于城市经营的表达方式，传统的城市规划对艺术的关注往往是建立在一定基础条件下的城市品质提升，而很少将艺术转变为城市触媒元素，这与艺术不可预测的机动性有关。对规划者而言，艺术是介绍城市空间的身份和独特性的一种渠道。这也允许“世界城市”展示环境中的先锋艺术，例如在普通街道和长廊中，它们被认为是亲民而且包罗万象的（贝拉·迪克斯）。

城市公共艺术并不是高端抽象的专业化领域，而应该是日常具体的生活化展示。艺术不是预期的设计和标准化的安排，而是自然流露的信息传达。人人都是艺术家，可以是一种城市文化的大众积淀，也可以是一种民众故事的集体诠释。

*

空间的本质到底是什么呢?

人们都是立足于主体的视角来理解周边的环境，并通过空间来界定生存环境的次序，这是一个对象生活的哲学观。在此过程中，人总是通过发明、监视、使用等单向度的手段来巩固和强化空间的指认，空间于是成为人的环境体验的编织物。空间也成为物质痕迹的标记，而人却把有生命的身体遮蔽了（图 15）。

每个有生命的身体，在它们对物质领域（工具和对象）产生影响之前，在它们通过从某一领域吸取营养来生产自己之前，在它们通过生产其他的身体来繁殖自身之前，它就已经既作为空间而存在，同时又拥有它的空间：它在空间里生产自己，同时也生产那一空间（亨利·列斐伏尔）。

空间从来不是单纯的浮现，而是双重处境下的世界视域。空间是有生命的面具，是在场与缺席的生命处境状态，是生命的联合体。如此来说，空间即生命。

*

人类社会发展从最初的史前文明到农业文明到工业革命再到信息时代，最终都会演变出中心—边缘、先进—落后的局面。

所以，在某一特定时段内，总有不同地区出现差异化的发展，在人类文明史上，西方文明总是处于相对前沿的“先进”位置，特别是在近现代时期更为突出。因此，往往在诸多领域呈现出以西方为中心的视野坐标。

某些领域，诸如哲学、政治学、社会学、宗教学、艺术史以及音乐学科很大程度上保留了各自对西方文明产物的传统偏好（马丁·W. 刘易士，卡伦·E. 魏根）。

回视城乡规划学科，近现代城市规划也是源于西方，但当我们考虑到起源—过程、地理—历史的社会发展体系时，源于东方中国古代城市建设实践的脉络是基于伦理化的宇宙图示体现，匠人营国的天下人居环境建设虽然是帝王统治意志的手段，但仍然体现着敬畏自然、遵循自然的人地和谐相处的营建模式。

城乡规划学科毕竟不是自然科学，我们不能一味地借助应对工业化时代的理性化演绎，我们还需要借助本土智慧的经验归结。

*

皮埃尔·布尔迪厄的“习性”理论从文化视角全面诠释了人们在日常生活中形成的心理倾向，也即社会世界的存在与运行依赖于人类习性产生的观念。习性一旦形成后，便会影响行动者的思想、认知和实践，成为行动者自我构成的结构性耦合，习性与行动者的关系无疑也会影响行动者的职业特征及工作风格，即工作习性的形成。如同规划师进行城乡规划工作时，即使有行业标准规范等客观结构的约束，以及城市自然环境的客观条件制约，规划师作为行动者的感知及经验仍然会影响着他们的规划实践行动，城市的匿名性与规划师个人体验的理解，有时呈现的不过是客观世界中主观体验的一个契机。城乡规划工作不应该是陌生人的“被规范的即兴演出”（皮埃尔·布尔迪厄），而应该是作为城市生活的客观结构与主观经验的结合，城市生活的日常互动才是进行共生般生活营建的规划之道。只是作为公共政策的城乡规划有时会遗忘体现

图 15　空间与生命

空间对人们体验具身性生命历程有着极大的意义，通过社会互动中的心智性身体才能理解空间与生命的社会联结。

经验秩序的精神层面的文化资本，而只重视代表视觉秩序的物质层面的经济资本。毕竟，城乡规划的诞生从来带着制度化的监控色彩，而城乡规划的工作习性也会在秩序化权威的控制中变成被大众忽视的社会谎言。

*

城市规划领域中有一类较为独特的专项工作，即城市历史文化遗产（遗址遗迹）保护规划，名称不太统一，但内容都涉及历史名城（镇、村）、历史街区、古建筑、以遗址遗迹为主的历史遗存等，此类工作是从保护的视角提出规划策略及“建设”方案，传统的保护规划内容就是对各类被保护的传统文化物质对象及环境进行保护。

那么具体如何保护呢？基于保护对象的评判评估，通过圈层式的空间类型界线划定是规划进行保护范围的主要形式，大多数原因主要是考虑景观视线控制的需求，而针对具体保护对象时，往往要借助于古建筑技术、历史、考古、文化等相关领域的辅助。但以上工作都有一个共性，即往往着眼于保护对象的自身保护，而很少涉及保护对象的间接保护。间接保护是各类文化遗址遗产等物质环境所体现出来的意识形态层面的历史记忆信息的传达方式，信息是物与人的记忆/遗忘关系，是二元化信息言说的聚合。

因此，要回归到历史性缺失的处境中，如何进行记忆保护的话语重构？当游历的城市保存它们“昔日的风貌”时，发现过去的遗迹，正是发现“过去的孤岛”的机会。就这样，历史记忆渐渐地和鲜活的记忆融合在一起。在我们自己记忆的那些空白得到填补，它们的晦涩也随之消失不见的同时，让遥远过去的叙事难以理解的神秘性减少了。一种整体记忆的心愿露出头来，它把个体记忆、集体记忆和历史记忆聚集到一起（保罗·利科）。

从历史的表述角度看，历史遗存的视觉及美学价值还需要结合人的重新理解，这是一项饱含沧桑的话语进化解说方式再构，保护与依附是共存的社会情绪。因此，记忆的溯源与再生不能只是简单机械地施行造物传统，还要重视人的自我认识。记忆并不代表回忆，生命情感的保护才是保护规划的重点。只是有谁会更深沉地反思个人的记忆与大众的记忆之间的观念回应呢？

参考文献

[1] 马歇尔 · 麦克卢汉 . 理解媒介：论人的延伸 [M]. 何道宽，译 . 南京：译林出版社，2019.

[2] 理查德 · 利罕 . 文学中的城市：知识与文化的历史 [M]. 吴子枫，译 . 上海：上海人民出版社，2021.

[3] 曼纽尔 · 卡斯特 . 网络社会的崛起 [M]. 夏铸九，王志弘，等，译 . 北京：社会科学文献出版社，2000.

[4] 奥尔特加 · 加塞特 . 大众的反叛 [M]. 刘训练，佟德志，译 . 太原：山西人民出版社，2020.

[5] 亨利 · 皮雷纳 . 中世纪的城市 [M]. 陈国樑，译 . 北京：商务印书馆，2006.

[6] 海因茨 · D. 库尔茨 . 经济思想简史 [M]. 李酣，译 . 北京：中国社会科学出版社，2017.

[7] 马克·阿布拉汉森 . 城市社会学：全球导览 [M]. 宋伟轩，陈培阳，李俊亮，译 . 北京：科学出版社，2017.

[8] 史蒂夫 · 派尔，克里斯托弗 · 布鲁克，格里 · 穆尼 . 无法统驭的城市：秩序与失序 [M]. 张赫，高畅，杨春，译 . 武汉：华中科技大学出版社，2016.

[9] 埃里克 · 韦纳 . 天才地理学 [M]. 秦尊璐，译 . 北京：中信出版社，2016.

[10] 马丁 · 琼斯 . 饭局的起源：我们为什么喜欢分享食物 [M]. 陈雪香，译 . 北京：生活 · 读书 · 新知三联书店，2019.

[11] 皮埃尔 · 布尔迪厄 . 区分：判断力的社会批判 [M]. 刘晖，译 . 北京：商务印书馆，2015.

[12] 加埃唐 · 拉弗朗斯，朱莉 · 拉弗朗斯 . 拯救城市 [M]. 贾颉，译 . 深圳：海天出版社，2018.

[13] 夏尔 · 亨利 · 屈安，弗朗索瓦 · 格雷勒，洛南 · 埃尔武埃 . 社会学史 [M]. 唐俊，译 . 北京：社会科学文献出版社，2021.

[14] 欧文 · 戈夫曼 . 公共场所的行为：聚会的社会组织 [M]. 何道宽，译 . 北京：北京大学出版社，2017.

[15] 亚历克斯 · 马歇尔 . 城市发展之路 [M]. 王晓晓，柴洋波，施瑞婷，译 . 北京：科学出版社，2017.

[16] 简 · 雅各布斯 . 城市与国家财富：经济生活的基本原则 [M]. 金洁，译 . 北京：中信出版社，2018.

[17] 安东尼 · 吉登斯 . 社会理论的核心问题：社会分析中的行动、结构与矛盾 [M]. 郭忠华，徐法寅，译 . 上海：上海译文出版社，2015.

[18] 阿诺德 · 汤因比 . 变动的城市 [M]. 倪凯，译 . 上海：上海人民出版社，2021.
[19] 肖恩 · 埃文 . 什么是城市史 [M]. 熊芳芳，译 . 北京：北京大学出版社，2020.
[20] 马歇尔 · 伯曼 . 城市景观：纽约时代广场百年 [M]. 杨哲，译 . 北京：首都师范大学出版社，2018.
[21] 马克斯 · 韦伯 . 经济与社会：第一卷 [M]. 阎克文，译 . 上海：上海人民出版社，2019.
[22] 马克斯 · 韦伯 . 经济与社会：第二卷 [M]. 阎克文，译 . 上海：上海人民出版社，2020.
[23] 郑也夫 . 城市社会学 [M].3 版 . 北京：中信出版社，2018.
[24] 戈兰 · 瑟伯恩 . 城市的权力：城市、国家、民众和全球 [M]. 孙若红，陈玥，译 . 北京：商务印书馆，2021.
[25] 梅丽莎 · 莱恩 . 政治的起源 [M]. 刘国栋，译 . 上海：上海文艺出版社，2018.
[26] 里甘 · 科克，艾伦 · 莱瑟姆 . 城市思考者：关键 40 人 [M]. 李文硕，译 . 上海：上海三联书店，2021.
[27] 亨利 · 列斐伏尔 . 空间与政治 [M].2 版 . 李春，译 . 上海：上海人民出版社，2015.
[28] 詹姆斯 · 苏兹曼 . 工作的意义：从史前到未来的人类变革 [M]. 蒋宗强，译 . 北京：中信出版社，2021.
[29] 齐格蒙特 · 鲍曼 . 怀旧的乌托邦 [M]. 姚伟，等，译 . 北京：中国人民大学出版社，2018.
[30] 贺雪峰 . 回乡记 [M]. 北京：东方出版社，2014.
[31] 大卫 · 哈维 . 资本的限度 [M]. 张寅，译 . 北京：中信出版社，2017.
[32] 阎云翔 . 私人生活的变革 [M]. 龚小夏，译 . 上海：上海人民出版社，2014.
[33] 约翰 · 伦尼 · 肖特 . 城市秩序：城市、文化与权力导论 [M]. 郑娟，梁捷，译 . 上海：上海人民出版社，2015.
[34] 居伊 · 德波 . 景观社会 [M]. 张新木，译 . 南京：南京大学出版社，2017.
[35] 阿列桑德洛 · 荣卡格利亚 . 经济思想简史 [M]. 刘晓丹，姚艳波，等，译 . 北京：东方出版中心，2020.
[36] 彼得 · 霍尔 . 大规划的灾难：对于西方经典规划灾难的回顾 [M]. 韩昊英，译 . 北京：科学出版社，2020.
[37] 斯科特 · 麦夸尔 . 地理媒介：网络化城市与公共空间的未来 [M]. 潘霁，译 . 上海：复旦大学

出版社，2019.
[38] 理查德 · 斯威德伯格 . 利益 [M]. 周明军，译 . 北京：中央编译出版社，2019.
[39] 菲利普 · 奥曼丁格 . 规划理论 [M].3 版 . 刘合林，聂晶鑫，董玉萍，译 . 北京：中国建筑工业出版社，2022.
[40] 雷蒙 · 阿隆 . 社会学主要思潮 [M]. 葛秉宁，译 . 上海：上海译文出版社，2015.
[41] 多米尼克 · 迈尔，克里斯蒂安 · 布卢姆 . 权力及其逻辑：政治及如何掌握政治 [M]. 李希瑞，译 . 北京：社会科学文献出版社，2020.
[42] 加勒特 · 哈丁 . 生活在极限之内：生态学、经济学和人口禁忌 [M]. 戴星翼，张真，译 . 上海：上海译文出版社，2020.
[43] 里克 · 申克曼 . 政治动物：落后思维如何阻碍了明智决策 [M]. 陈桂芳，译 . 北京：中信出版社，2019.
[44] 贝尔纳德 · 曼德维尔 . 蜜蜂的寓言 [M]. 肖聿，译 . 北京：商务印书馆，2016.
[45] 高宣扬 . 新马克思主义导引 [M]. 上海：上海交通大学出版社，2017.
[46] 肯尼思 · 杰克逊 . 马唐草边疆 [M]. 王旭，李文硕，译 . 北京：商务印书馆，2017.
[47] 马克 · 格兰诺维特 . 社会与经济：信任、权力与制度 [M]. 罗家德，王水雄，译 . 北京：中信出版社，2019.
[48] 丹尼尔 · 汉南 . 自由的基因：我们现代世界的由来 [M]. 徐爽，译 . 桂林：广西师范大学出版社，2015.
[49] 尼尔 · 博任纳 . 城市 · 地域 · 星球：批判城市理论 [M]. 李志刚，徐江，曹康，等，译 . 北京：商务印书馆，2019.
[50] 让 · 鲍德里亚 . 消费社会 [M]. 刘成富，全志钢，译 . 南京：南京大学出版社，2014.
[51] 乔纳森 · 沃尔夫 . 政治哲学 [M]. 毛兴贵，译 . 北京：中信出版社，2019.
[52] 彼得 · 德鲁克 . 知识社会 [M]. 赵巍，译 . 北京：机械工业出版社，2021.
[53] 马修 · 恩格尔克 . 如何像人类学家一样思考 [M]. 陶安丽，译 . 上海：上海文艺出版社，2021.
[54] 大卫 · 克里斯蒂安 . 极简人类史：从宇宙大爆炸到 21 世纪 [M]. 王睿，译 . 北京：中信出版社，2019.
[55] 詹姆斯 · C. 斯科特 . 国家的视角：那些试图改善人类状况的项目是如何失败的 [M]. 王晓毅，译 . 北京：社会科学文献出版社，2019.
[56] 查尔斯 · 赖特 · 米尔斯 . 社会学的想象力 [M]. 陈强，张永强，译 . 北京：生活 · 读书 · 新知三联书店，2005.
[57] 大卫 · 哈维 . 后现代的状况 [M]. 阎嘉，译 . 北京：商务印书馆，2013.
[58] 多米尼克 · 迈尔，克里斯蒂安 · 布卢姆 . 权力及其逻辑：政治及如何掌握政治 [M]. 李希瑞，译 . 北京：社会科学文献出版社，2020.
[59] 伊恩 · 道格拉斯 . 城市环境史 [M]. 孙民乐，译 . 南京：江苏凤凰教育出版社，2016.

[60] 亨利 · 列斐伏尔 . 空间的生产 [M]. 刘怀玉，等，译 . 北京：商务印书馆，2021.
[61] 段义孚 . 逃避主义 [M]. 周尚意，张春梅，译 . 石家庄：河北教育出版社，2005.
[62] 罗宾 · 邓巴 . 社群的进化 [M]. 李慧中，译 . 成都：四川人民出版社，2019.
[63] 亨利 · 列斐伏尔 . 都市革命 [M]. 刘怀玉，张笑夷，郑劲超，译 . 北京：首都师范大学出版社，2018.
[64] 米歇尔 · 维沃尔卡 . 社会学前沿九讲 [M]. 王鲲，黄君艳，章婵，译 . 北京：中国大百科全书出版社，2017.
[65] 韩炳哲 . 他者的消失 [M]. 吴琼，译 . 北京：中信出版社，2019.
[66] 乌尔里希 · 贝克，安东尼 · 吉登斯，斯科特 · 拉什 . 自反性现代化：现代社会秩序中的政治、传统与美学 [M]. 赵文书，译 . 北京：商务印书馆，2014.
[67] 韩炳哲 . 在群中：数字媒体时代的大众心理学 [M]. 程巍，译 . 北京：中信出版社，2019.
[68] 伊夫 · 金格拉斯 . 科学与宗教：不可能的对话 [M]. 范鹏程，译 . 北京：中国社会科学出版社，2019.
[69] 玛丽 · K. 斯温格尔 . 劫持：手机、电脑、游戏和社交媒体如何改变我们的大脑、行为与进化 [M]. 邓思渊，译 . 北京：中信出版社，2018.
[70] 理查德 · 亨利 · 托尼 . 宗教与资本主义的兴起 [M]. 沈汉，译 . 北京：商务印书馆，2017.
[71] 保罗 · 利科 . 记忆，历史，遗忘 [M]. 李彦岑，陈颖，译 . 上海：华东师范大学出版社，2017.
[72] 爱德华 · 雷尔夫 . 地方与无地方 [M]. 刘苏，相欣奕，译 . 北京：商务印书馆，2021.
[73] 安德鲁 · 海伍德 . 政治的密码 [M]. 吴勇，译 . 北京：中国人民大学出版社，2016.
[74] 约翰 · 里德 . 城市 [M]. 郝笑丛，译 . 北京：清华大学出版社，2010.
[75] 彼得 · 马库塞等 . 寻找正义之城 [M]. 贾荣香，译 . 北京：社会科学文献出版社，2016.
[76] 米歇尔 · 福柯 . 词与物：人文科学的考古学 [M]. 莫伟民，译 . 上海：上海三联书店，2016.
[77] 米歇尔 · 德 · 塞托 . 日常生活实践 1：实践的艺术 [M]. 方琳琳，黄春柳，译 . 南京：南京大学出版社，2014.
[78] 米歇尔 · 德 · 塞托 . 日常生活实践 2：居住与烹饪 [M]. 冷碧莹，译 . 南京：南京大学出版社，2014.
[79] 比希瓦普利亚 · 桑亚尔，劳伦斯 · J. 韦尔，克里斯蒂娜 · D. 罗珊 . 关键的规划理念：宜居性、区域性、治理与反思性实践 [M]. 祝明建，彭彬彬，周静姝，译 . 南京：译林出版社，2019.
[80] 辉格 . 沐猿而冠：文化如何塑造人性 [M]. 成都：四川人民出版社，2015.
[81] 乌尔里希 · 贝克 . 风险社会：新的现代性之路 [M]. 张文杰，何博闻，译 . 南京：译林出版社，2018.
[82] 马克斯 · 韦伯 . 学术与政治 [M]. 冯克利，译 . 北京：商务印书馆，2018.
[83] 奥利维耶 · 阿苏利 . 审美资本主义 [M]. 黄琰，译 . 上海：华东师范大学出版社，2013.
[84] 克里斯·克利尔菲尔德，安德拉什·蒂尔克斯 . 崩溃：关于即将来临的失控时代的生存法则 [M].

李永学，译 . 成都：四川人民出版社，2019.
[85] 安 · 布蒂默 . 地理学与人文精神 [M]. 左迪，孔翔，李亚婷，译 . 北京：北京师范大学出版社，2019.
[86] 西蒙 · 加菲尔德 . 地图之上：追溯世界的原貌 [M]. 段铁铮，吴涛，刘振宇，译 . 北京：电子工业出版社，2017.
[87] 亚历山大 · B. 墨菲 . 地理学为什么重要 [M]. 薛樵风，译 . 北京：北京大学出版社，2020.
[88] 段义孚 . 浪漫地理学 [M]. 陆小璇，译 . 南京：译林出版社，2021.
[89] 詹姆斯 · 斯科特 . 逃避统治的艺术：东南亚高地的无政府主义历史 [M]. 王晓毅，译 . 北京：生活 · 读书 · 新知三联书店，2016.
[90] 安东尼 · 吉登斯 . 社会学：批判的导论 [M]. 郭忠华，译 . 上海：上海译文出版社，2013.
[91] 迈克尔 · 施瓦布 . 生活的暗面：日常生活的社会学透视 [M]. 徐文宁，梁爽，译 . 北京：北京大学出版社，2021.
[92] 加斯东 · 巴什拉 . 火的精神分析 [M]. 杜小真，顾嘉琛，译 . 开封：河南大学出版社，2016.
[93] 丹尼尔 · J. 布尔斯廷 . 发现者：人类探索世界和自我的历史 [M]. 吕佩英，等，译 . 上海：上海译文出版社，2014.
[94] 大野隆造，小林美纪 . 人的城市：安全与舒适的环境设计 [M]. 余漾，尹庆，译 . 北京：中国建筑工业出版社，2015.
[95] 多琳 · 马西 . 空间、地方与性别 [M]. 毛彩凤，袁久红，丁乙，译 . 北京：首都师范大学出版社，2017.
[96] 丹尼 · 道灵，卡尔 · 李 . 书写地球 [M]. 王艳，彭娅，译 . 成都：四川人民出版社，2017.
[97] 理查德 · 皮特 . 现代地理学思想 [M]. 周尚意，译 . 北京：商务印书馆，2007.
[98] 威廉 · 克罗农 . 自然的大都市：芝加哥与大西部 [M]. 黄焰结，程香，王家银，译 . 南京：江苏人民出版社，2020.
[99] 马丁 · W. 刘易士，卡伦 · E. 魏根 . 大陆的神话：元地理学批判 [M]. 杨瑾，林航，周云龙，译 . 上海：上海人民出版社，2011.
[100] 迪特 · 哈森普鲁格 . 中国城市密码 [M]. 童明，赵冠宁，朱静宜，译 . 北京：清华大学出版社，2018.
[101] 简 · 雅各布斯 . 经济的本质 [M]. 刘君宇，译 . 北京：中信出版社，2018.
[102] 伊曼纽尔 · 沃勒斯坦 . 现代世界体系 [M]. 郭方，夏继果，顾宁，译 . 北京：社会科学文献出版社，2013.
[103] 诺曼 · 思罗尔 . 地图的文明史 [M]. 陈丹阳，张佳静，译 . 北京：商务印书馆，2016.
[104] 吉奥乔 · 阿甘本 . 敞开：人与动物 [M]. 蓝江，译 . 南京：南京大学出版社，2019.
[105] 约翰 · R. 麦克尼尔 . 太阳底下的新鲜事：20 世纪人与环境的全球互动 [M]. 李芬芳，译 . 北京：中信出版社，2017.
[106] 段义孚 . 恋地情结：对环境感知、态度与价值 [M]. 志丞，刘苏，译 . 北京：商务印书馆，

2018.
[107] 尼尔 · 波兹曼 . 娱乐至死 [M]. 章艳，译 . 北京：中信出版社，2015.
[108] 罗宾 · 邓巴 . 人类的演化 [M]. 余彬，译 . 上海：上海文艺出版社，2016.
[109] 安东尼 · 吉登斯 . 现代性与自我认同：晚期现代中的自我与社会 [M]. 夏璐，译 . 北京：中国人民大学出版社，2016.
[110] 克里斯蒂安 · 诺伯格 – 舒尔茨 . 西方建筑的意义 [M]. 李路珂，欧阳恬之，译 . 北京：中国建筑工业出版社，2005.
[111] 克里斯托弗 · 戴 . 灵魂的居所：建筑与环境设计，一种心灵疗愈的艺术 [M]. 郑伊凡，译 . 北京：电子工业出版社，2018.
[112] 格朗特 · 希尔德布兰德 . 建筑愉悦的起源 [M]. 马琴，万志斌，译 . 北京：中国建筑工业出版社，2007.
[113] 布鲁诺 · 陶特 . 城市之冠 [M]. 杨涛，译 . 武汉：华中科技大学出版社，2019.
[114] 让 · 波德里亚 . 致命的策略 [M]. 刘翔，戴阿宝，译 . 南京：南京大学出版社，2015.
[115] 北川东子 . 齐美尔：生存形式 [M]. 赵玉婷，译 . 石家庄：河北教育出版社，2002.
[116] 托斯丹 · 凡勃伦 . 有闲阶级论 [M]. 蔡受百，译 . 北京：商务印书馆，2019.
[117] 利普斯 . 事物的起源 [M]. 汪宁生，译 . 兰州：敦煌文艺出版社，2000.
[118] 马克 · W. 莫菲特 . 从部落到国家：人类社会的崛起、繁荣与衰落 [M]. 陈友勋，译 . 北京：中信出版社，2020.
[119] 利昂 · 费斯汀格 . 人类的遗产："文明社会"的演化与未来 [M]. 林小燕，译 . 北京：中国人民大学出版社，2018.
[120] 尤金 · N. 安德森 . 中国食物 [M]. 马孆，刘东，译 . 南京：江苏人民出版社，2003.
[121] 雷蒙德 · 弗思 . 人文类型 [M]. 费孝通，译 . 北京：商务印书馆，1991.
[122] 王晴佳 . 筷子：饮食与文化 [M]. 汪精玲，译 . 北京：生活 · 读书 · 新知三联书店，2019.
[123] 乔尔 · 查农 . 一个社会学家的十堂公开课 [M]. 王娅，译 . 北京：北京大学出版社，2018.
[124] 刘易斯 · 芒福德 . 乌托邦的故事 ：半部人类史 [M]. 梁本彬，王社国，译 . 北京：北京大学出版社，2019.
[125] 德雷克 · 格利高里，约翰 · 厄里 . 社会关系与空间结构 [M]. 谢礼圣，吕增奎，译 . 北京：北京师范大学出版社，2011.
[126] 尼克 · 史蒂文森 . 文化公民身份：全球一体的问题 [M]. 王晓燕，王丽娜，译 . 北京：北京大学出版社，2012.
[127] 乔纳斯 · 费边 . 时间与他者：人类学如何制作其对象 [M]. 马健雄，林珠云，译 . 北京：北京师范大学出版社，2012.
[128] 彼得 · 桑德斯 . 社会理论与城市问题 [M]. 郭秋来，译 . 南京：江苏凤凰教育出版社，2018.
[129] 拉杰 · 帕特尔，詹森 · W. 摩尔 . 廉价的代价：资本主义、自然与星球未来 [M]. 吴文忠，等，译 . 北京：中信出版社，2018.

[130] 斐迪南 · 滕尼斯 . 新时代的精神 [M]. 林荣远，译 . 北京：北京大学出版社，2006.
[131] 尼克拉斯 · 卢曼 . 风险社会学 [M]. 孙一洲，译 . 南宁：广西人民出版社，2020.
[132] 亚历山大 · H. 哈考特 . 我们人类的进化 [M]. 李虎，谢庶洁，译 . 北京：中信出版社，2017.
[133] 约翰 · 凯伊 . 市场的真相：为什么有些国家富有，其他国家却贫穷？ [M]. 叶硕，译 . 上海：上海译文出版社，2018.
[134] 亚明 · 那塞希 . 穿行社会：出租车上的社会学故事 [M]. 许家绍，译 . 北京：北京大学出版社，2019.
[135] 乌尔里希 · 贝克，伊丽莎白 · 贝克－格恩斯海姆 . 个体化 [M]. 李荣山，范譞，张惠强，译 . 北京：北京大学出版社，2011.
[136] 兰德尔 · 柯林斯，迈克尔 · 马科夫斯基 . 发现社会：西方社会学思想述评 [M]. 李霞，译 . 北京：商务印书馆，2014.
[137] 皮埃尔 · 布尔迪厄 . 单身者舞会 [M]. 姜志辉，译 . 上海：上海译文出版社，2009.
[138] 斯图尔特 · 艾伦 . 媒介、风险与科学 [M]. 陈开和，译 . 北京：北京大学出版社，2014.
[139] 丹尼尔 · 米勒 . 脸书故事 [M]. 段采薏，丁依然，董晨宇，译 . 北京：北京大学出版社，2020.
[140] 丹尼尔 · 米勒，希瑟 · A. 霍斯特 . 数码人类学 [M]. 王心远，译 . 北京：人民出版社，2014.
[141] 韩炳哲 . 倦怠社会 [M]. 王一力，译 . 北京：中信出版社，2019.
[142] 韩炳哲 . 暴力拓扑学 [M]. 安尼，马琰，译 . 北京：中信出版社，2019.
[143] 保罗 · 莫兰 . 人口浪潮：人口变迁如何塑造现代世界 [M]. 李果，译 . 北京：中信出版社，2019.
[144] 亨利 · 列斐伏尔 . 空间与政治 [M].2 版 . 李春，译 . 上海：上海人民出版社，2015.
[145] 达雷尔 · 布里克，约翰 · 伊比特森 . 空荡荡的地球：全球人口下降的冲击 [M]. 闾佳，译 . 北京：机械工业出版社，2019.
[146] 皮埃尔 · 布尔迪厄 . 男性统治 [M]. 刘晖，译 . 北京：中国人民大学出版社，2017.
[147] 托马斯 · 许兰德 · 埃里克森 . 小地方，大论题：社会文化人类学导论 [M]. 董薇，译 . 北京：商务印书馆，2008.
[148] 卡罗尔 · 恩贝尔，梅尔文 · 恩贝尔 . 人类文化与现代生活 ：文化人类学精要 [M]. 周云水，杨菁华，陈靖云，译 . 北京：电子工业出版社，2016.
[149] 卢克 · 拉斯特 . 人类学的邀请：认识自我和他者 [M].4 版 . 王媛，译 . 北京：北京大学出版社，2021.
[150] 贝拉 · 迪克斯 . 被展示的文化 ：当代“可参观性”的生产 [M]. 冯悦，译 . 北京：北京大学出版社，2012.
[151] 本尼迪克特 · 安德森 . 想象的共同体：民族主义的起源与散布 [M]. 吴叡人，译 . 上海：上

海人民出版社，2016.
[152] 埃里克 · 霍布斯鲍姆 . 民族与民族主义 [M].2 版 . 李金梅，译 . 上海：上海人民出版社，2020.
[153] 戴博拉 · 史蒂文森 . 文化城市：全球视野的探究与未来 [M]. 董亚平，何立民，译 . 上海：上海财经大学出版社，2018.
[154] 米歇尔 · 福柯 . 性经验史（第一卷）：认知的意志 [M]. 佘碧平，译 . 上海：上海人民出版社，2016.

后　记

作为政府决策运作和城乡发展干预源头的城乡规划是一门实践性很强的应用型学科，其存在的价值在于城乡规划实践不断满足城镇化过程中城乡社会的多元需求。当前国土空间规划体系的建立代表着新的时代发展背景下，将更加注重存量时代的城乡空间权益界定与科学管制，未来城乡人居环境建设更加注重内涵式发展及人居环境价值的社会考量，城乡规划也会从以物质环境空间角度预判城乡空间特征转变到从以社会结构、社会环境、社会空间等社会学视角来考量城乡空间价值。在此过程中会涉及城市与乡村、规划与设计、建筑与景观、地理与人居、社会与文化等诸多内容。因此，在新的时代背景下需要回视城乡规划的理论思考，基于社会学等相关理论来重新认识和理解城乡规划及其相关的内容，构建城乡规划的社会科学共性理论支撑与多元理解视角，为新时期城乡规划的理论及实践提供新的理解维度。

本书是以上述思考为源起，所形成的一本读书笔记式的思考记录，以城乡规划及其相关的社会现象为观察基础与思考对象，基于社会学、经济学、政治学、历史学、人类学等理论的解读，思考和阐释对城乡聚落的认识与理解进行尺度与价值双重构成的可能性，将传统城乡规划学科的空间内容从工程技术性拓展至社会互动化，引入社会科学的分析方法和“价值”理念，打破传统城乡规划学科对城乡空间研究的规范化、标准化的目标导向技术方法，构建社会研究与空间利益的整合关系，提倡对尺度与价值进行进一步“测量”关注，丰富及创新城乡规划空间研究的理论视角，实现城乡规划学空间资源分配的公共理性及社会学生存空间价值理解的创新性关联，尝试提供一种理解城乡人居环境营建的新糅合式维度，重新认识和理解城乡规划及其相关的内容。需要说明的是，书中部分概念的表述由于是在不同的语境及内容中使用，会有不同的含义需要，因此可能出现不一致的诸多情况，如城乡规划与城市规划等。另外，本书中的很多文字都是作者的个人体会或反思，也许存在一定的局限或错误。但无论如何，作者仍然希望通过这些文字为读者提供一定的参考或批判的对象。

本书的完成首先要感谢很多著作，这些著作既有学术经典也有当代前沿，通过阅读这些著作使我能够重新理解对城乡规划的理论思考。感谢这些著作的作者给我提供了丰富的思考基础。感谢中国建筑工业出版社的编辑们，通过他们的完善、补充及纠错使得本书能够顺利出版，最后非常感谢毋婷娴编辑对本书的辛苦付出。